中等职业教育国家规划教材

全国中等职业教育教材审定委员会审定

模具制造技术

Muju Zhizao Jishu

（模具设计与制造专业）

第 2 版

主　编　柳燕君　杨善义

高等教育出版社·北京

内容简介

本书是中等职业教育国家规划教材《模具制造技术》的修订版,是在第1版的基础上,结合了最新教学需求并参考了有关的国家职业标准和行业职业技能鉴定规范,吸收新知识、新技术、新规范,并广泛征求意见修订而成的。

本书保留原书的优点,以能力为本位,以培养学生的创新精神和实践能力为核心,以综合职业能力的培养为基点。本书主要内容包括模具零件的机械加工、模具零件的电加工、特种加工、模具装配和模具调试等。

本书可作为中等职业学校模具设计与制造专业教材,也可作为相关行业岗位培训教材或自学用书。

图书在版编目(CIP)数据

模具制造技术/柳燕君,杨善义主编.—2版.—北京:高等教育出版社,2010.7(2021.2重印)

(模具设计与制造专业)

ISBN 978-7-04-029105-6

Ⅰ.①模… Ⅱ.①柳…②杨… Ⅲ.①模具-制造-专业学校-教材 Ⅳ.①TG76

中国版本图书馆 CIP 数据核字(2010)第 098616 号

策划编辑	张春英	责任编辑 张春英	封面设计 于 涛	责任绘图 尹 莉
版式设计	张 岚	责任校对 胡晓琪	责任印制 朱 琦	

出版发行	高等教育出版社	网 址	http://www.hep.edu.cn
社 址	北京市西城区德外大街 4 号		http://www.hep.com.cn
邮政编码	100120	网上订购	http://www.landraco.com
印 刷	保定市中画美凯印刷有限公司		http://www.landraco.com.cn
开 本	787×1092 1/16		
印 张	14	版 次	2002 年 4 月第 1 版
			2010 年 7 月第 2 版
字 数	340 000		
购书热线	010-58581118	印 次	2021 年 2 月第 5 次印刷
咨询电话	400-810-0598	定 价	23.30 元

本书如有缺页、倒页、脱页等质量问题,请到所购图书销售部门联系调换

版权所有 侵权必究

物 料 号 29105-00

中等职业教育国家规划教材出版说明

为了贯彻《中共中央国务院关于深化教育改革全面推进素质教育的决定》精神,落实《面向21世纪教育振兴行动计划》中提出的职业教育课程改革和教材建设规划,根据教育部关于《中等职业教育国家规划教材申报、立项及管理意见》(教职成〔2001〕1号)的精神,我们组织力量对实现中等职业教育培养目标和保证基本教学规格起保障作用的德育课程、文化基础课程、专业技术基础课程和80个重点建设专业主干课程的教材进行了规划和编写,从2001年秋季开学起,国家规划教材将陆续提供给各类中等职业学校选用。

国家规划教材是根据教育部最新颁布的德育课程、文化基础课程、专业技术基础课程和80个重点建设专业主干课程的教学大纲(课程教学基本要求)编写,并经全国中等职业教育教材审定委员会审定。新教材全面贯彻素质教育思想,从社会发展对高素质劳动者和中初级专门人才需要的实际出发,注重对学生的创新精神和实践能力的培养。新教材在理论体系、组织结构和阐述方法等方面均作了一些新的尝试。新教材实行一纲多本,努力为学校选用教材提供比较和选择,满足不同学制、不同专业和不同办学条件的学校的教学需要。

希望各地、各部门积极推广和选用国家规划教材,并在使用过程中,注意总结经验,及时提出修改意见和建议,使之不断完善和提高。

教育部职业教育与成人教育司

二○○一年十月

第 2 版前言

中等职业教育模具设计与制造专业国家规划教材《模具制造技术》自 2002 年出版以来，得到了全国中等职业学校师生的广泛认可。随着科学技术的发展，新技术、新工艺、新材料、新方法的应用，第 1 版教材中有些内容已不能适应当前模具设计与制造的现状。在广泛征求各校意见并对企业现状进行调研的基础上，对本教材进行了修订。

修订后的教材在保持原有教材特色的基础上，具有以下特点：

1. 紧扣中等职业教育目标，对课程体系做了进一步优化，教学内容仍然以"必需、够用"为原则，删除了一些理论难度大、陈旧的内容。

2. 以培养能力为主线，尽量贴近工作岗位，结合模具专业特点，在每章后增加实际案例，提高学生理论与实际相结合的工作能力，进一步突出了学生应用能力的培养。

3. 用"模具调试"取代原来的"模具实训"的内容，更加符合中职模具专业的教学需求，进一步体现了教材的教学适用性。

4. 重视学生的感性认识，尽可能选用实物图片，增加了教材的直观性，更加有利于学生的学习。

本书由柳燕君、杨善义任主编，张景黎负责主要的修订工作，任副主编。

由于编者水平有限，错漏之处在所难免，敬请读者批评指正。读者意见反馈邮箱：zz_dzyj@pub.hep.cn。

编　者

2010 年 1 月

第1版前言

本书是根据2001年教育部颁发的中等职业学校模具设计与制造专业主干课程"模具制造技术"教学基本要求编写的,是中等职业教育国家规划教材。

本教材的教学目标是:培养学生掌握模具零件加工方法及模具装配的基本知识,了解现代模具技术的发展动向,初步形成应用现代模具制造技术解决生产实际问题的能力。

本教材有如下特点:

1. 在编写中力求体现当前中等职业教育改革精神,注意培养学生的创新能力、创业能力和实践能力,在内容安排上按照教学基本要求,既适合3年制,也适合4年制使用,同时适合不同设备条件的学校使用。

2. 总体结构体现了学生学习规律,把模具制造技术知识的学习过程分为五个阶段,即模具零件的机械加工、模具零件的电加工、特种加工、模具装配和模具实训等。

3. 按生产现场实际,采用模块方式编写。通过结合实际应用举例,引导学生学习模具制造的有关知识,可使学生具备处理模具制造工艺技术问题的能力。

4. 采用目标教学法,使每一个单元都达到一定的目标。通过实践教学,使学生具备模具制造典型加工、操作典型模具制造设备及工装的能力。

5. 缩减了同类教材中关于机械加工工艺规程制订章节中有关不适应现代模具制造技术的内容,增加了模具制造技术中的新工艺、新方法和新技术。

6. 力求文字表述通俗易懂、简明扼要、图文对照,以便于教学和自学。

7. 前四章每章后均附有思考题,以供学生复习、巩固、提高之用。

8. 按最新的国家标准及行业标准规定的要求编写。

本教材学时(总学时为60~80学时)分配见下表:

章 次	总 学 时		
	讲 授	实 训	合 计
第一章	20(21*)	4	24(25*)
第二章	11		11
第三章	(17*)		(17*)
第四章	13		13
第五章		8	8
机动	4(6*)		4(6*)
总计	48(68*)	12	60(80*)

注:本表为3年制教学学时数,表中带*号的为四年制教学学时数。

本书主编柳燕君为本书的策划、编排、调研做了大量工作。本书的绪论和第一章由主编杨善义编写,第二章的第二节、第五章由段贤勇编写,第二章的第一节、第三章的第一、二、三节由张景黎编写,第三章的第四、五、六、七节由傅宏生编写,第四章由陈德全编写。全书由杨善义统稿,张景黎协助统稿。

本书通过全国中等职业教育教材审定委员会的审定,由天津大学机械工程学院李双义教授担任责任主审,天津大学机械工程学院李印玺副教授、宋力宏副教授审稿。他们对本书给予充分肯定。一致认为,本书突出了职业教育特色,将学历教育与职业资格培训相结合,具有较强的职业导向性;内容先进,深浅适中,通俗易懂,编排合理,使用灵活,符合中等职业教育教学及学生心理结构构建规律和学生特点。此外,他们还对书稿提出了很多宝贵意见,在此表示衷心感谢。

限于编者水平,错误之处在所难免,恳请广大读者提出宝贵意见。

编　者
2001 年 8 月

目　　录

绪　　论

一、模具技术在国民经济中的地位

模具是现代工业生产的重要装备。利用模具成形技术可以把金属、非金属材料制造成任意几何形状和具有一定尺寸精度的、用途各异的零件和工艺品,而且生产效率极高。由于模具成形技术的优越性,各行各业生产的各种产品都离不开模具。例如以零件总数的百分比来计算:汽车、拖拉机零件的 60% ~ 70%,无线电通讯、机电产品中的 60% ~ 75%;运载工具、钟表、家电、器皿和装饰品的 95%以上都是通过模具生产出来的。可以说在人类生活中到处都可以看到由模具成形①技术生产出来的产品。在国防工业和航空、航天工业生产中,模具成形的零件也占有很大比例,某些特殊材料的模具成形还解决了宇航难题。

模具技术集中了机、电加工的精华,模具制造属于知识和技术密集型行业,模具生产是一种高技术的活动。

模具工业发展的状况将直接影响到许多工业的发展,是关系到国计民生的大事,也是衡量一个国家工艺水平高低的重要标志之一。现代工业品种的发展、产品的更新换代、质量和生产率的提高、成本的降低等都离不开对新模具的需求。

二、模具技术的现状及其发展趋势

我国模具工业从起步到飞跃发展,经历了半个多世纪的历程。近几年来,我国模具技术有了很大发展,模具设计与制造水平有了较大提高,大型、精密、复杂、高效和长寿命模具又上了新台阶。

(1) 大型复杂冲模以汽车覆盖件模具为代表,我国主要汽车模具企业现已能生产部分轿车覆盖件模具。

(2) 体现高水平制造技术的多工位级进模覆盖面大增,已从电机、电器铁心片模具扩大到接插件、电子元器件、汽车零件、空调器散热片等家用电器零件模具上。

(3) 塑料模方面已能生产 48 英寸、50 英寸大屏幕彩电塑壳模具,大容量洗衣机全套塑料模具及汽车保险杠和整体仪表板等塑料模。塑料模热流道技术更臻成熟,气体辅助注射技术已开始采用。

(4) 压铸模方面已能生产自动扶梯整体梯级压铸模及汽车后桥齿轮箱压铸模等。

(5) 模具质量、模具寿命明显提高,模具制造周期较以前缩短。

(6) 模具的 CAD/CAM 技术得到相当广泛地应用,并开发出了自主版权的模具 CAD/CAM 软件,例如:北航海尔公司开发的 CAXA、华中理工大学开发的 HS3.0 系统及 CAE 系统,上海交通大学开发的冲模 CAD 系统等。

---

① "成形"和"成型"词义相通,本书统一使用"成形"一词。

（7）模具加工机床品种增多，技术水平明显提高。

（8）快速经济制模技术得到进一步提高，尤其是这一领域的高新技术快速原型制造技术（RPM）进展很快。

（9）在模具材料方面，由于对模具寿命的重视，优质模具钢的应用有了较大的进展。

从我国整个模具工业的发展趋势看，虽然经过改革开放 30 年来的努力，缩小了与先进国家之间的差距，但要想在尽可能短的时间内赶上世界工业发达国家水平，还要在以下几个方面做大量艰苦的工作：

1. 新工艺、新模具的研究

在冷冲压加工技术方面，除了一般的成形方法外，又出现了冷、热及温挤压成形，液压成形，强力旋压成形，超塑性成形，爆炸成形以及精密冲裁和高速冲压等加工技术。

型腔模采用的自动开合模和自动顶出机构，在实现全自动生产的同时，还可保证制品能自动从模具上脱落。此外，对一些特殊制品研制了各种特殊结构的模具，如注射模采用热流道结构特点，气体辅助注射模中空吹塑模成形技术采用多层共聚挤出机头。

2. 研制和发展模具专用材料

模具材料是影响模具质量、寿命、生产效率和生产成本的重要方面。我国模具的寿命仅为先进国家的三分之一左右，造成这一差距的主要原因是模具材料和热处理技术的落后。因此，今后应大力加强模具材料和热处理技术的研制和开发。要加速研制新的钢种，建立起符合我国资源情况、满足各行各业需要的模具钢标准系列，大力推广应用效果明显的模具新材料。要大力发展应用模具的强化处理新工艺及表面处理新技术，充分挖掘模具材料的潜力，提高模具材料的使用质量。

3. 大量采用高效自动化模具结构

模具工业所生产的高效率、自动化、大型、精密、高寿命的模具，在整个模具产量中所占的比重将越来越大。如在普通的冲压设备上，一般每分钟可压制几十个制件；若在高速冲压设备上配合以先进的模具，每分钟则可压制几百个甚至上千个制件。

4. 革新模具制造工艺

为缩短模具的生产周期，减少钳工等手工操作的工作量，在模具加工工艺上做了许多改进。特别是复杂曲面型腔的加工，采用了数控镗铣床、数控仿形铣床、精密磨床、加工中心及数控电火花机床和电火花线切割机床。目前国内已可以加工 50 多个工位的级进模，型腔模的加工范围最大可达 4 m×5 m，制造精度都在微米级。为适应更新产品的需要，对于多品种、小批生产使用的模具，也已广泛采用快速制模技术。如采用低熔点有色金属合金浇注或喷涂制模的锌合金模具；以铝粉或铁粉填充的环氧树脂及聚氨酯弹性体制模；还有如激光加工组合的三维模具、CNC 光敏材料加工型腔模技术、电铸成形制模及模具加工柔性同步系统等新工艺。

5. 进行专业化、标准化生产

开展模具标准化工作，使模板、导柱等通用零件标准化、商品化，才可能采用先进的生产设备和技术，实现专业化生产，以保证模具的质量，提高生产率，降低模具制造成本，缩短模具制造周期，提高模具业的整体经济效益。

6. 开发 CAD/CAE/CAM（计算机集成化生产网络技术）

CAD/CAE/CAM 是一项实用性很强的系统技术。采用 CAD 技术，模具设计师能从繁琐的绘图和计算工作中解放出来,集中精力从事诸如方案构思和结构优化等创造性的工作。使用 CAE 技术,可以分析、预测模具结构设计中有关参数的正确性,尤其对于高温熔融成形的压注模和注射模,可以改进模具的流道系统、温度调节系统、成形工艺参数,从而提高模具制品的质量和生产效率。采用 CAM 技术,使得各种数控机床成为模具加工的主要设备,模具型腔的几何数据,可以直接地转换为数控机床的刀具运动轨迹,形成 NC 代码,从而大大地提高了型腔和型芯的加工精度和效率。

三、本课程的性质、任务和要求

本课程是模具专业的一门必修的专业课。通过本课程的学习,要求学生能达到如下要求:

(1)具备根据模具零件正确选择加工方法、工艺装备并制定模具加工工艺规程的初步能力。

(2)具备数控加工的一般知识,初步掌握一种数控机床的程序编制,操作技能达到中初级水平。

(3)初步具备模具的装配技能,会装配中等复杂程度的冲模、塑料模。

(4)初步具备运用所学模具制造技术的基本知识,处理生产实践中一般工艺技术问题的能力。

本门课程的理论性和实践性很强,涉及的知识面广。因此,学生在学习本课程时,除重视理论学习之外,还要重视实训、实习,注意理论与实践的结合,尽可能参观一些模具制造厂家,向具有丰富实际经验的工程技术人员学习,增加感性认识,以便于更好地学好本门课程。

第一章 模具零件的机械加工

机械加工方法是制造模具零件的主要加工方法,即将原材料在普通切削机床、精密机床、仿形机床、数控机床上按图样要求加工成所需的模具零件。

第一节 模架组成零件的加工

模架由导向装置与支承零件组成.其主要作用是把模具的其他零件连接起来,并保证模具的工作部分在工作时具有正确的相对位置。

一、模架基本类型

(一)冷冲模的标准模架

模架的主要作用是用于安装模具的其他零件,并保证模具的工作部分在工作时具有正确的相对位置,其结构尺寸已标准化(GB/T 2851-2008、GB/T 2852-2008)。图 1-1 所示为常见的冷冲模模架,尽管其结构各不相同,但它们的主要组成零件上模座、下模座都是平板形(故又称上模板、下模板),模架、模座的加工主要是进行平面及孔系加工。

对角导柱模架、中间导柱模架、四角导柱模架的共同特点是:导向装置都安装在模具的对称线上,滑动平稳,导向准确可靠,所以要求导向精确可靠的都采用这三种结构形式。对角导柱模架上、下模座工作平面的横向尺寸一般大于纵向尺寸,常用于横向送料的级进模、纵向送料的单工序模或复合模。中间导柱模架只能纵向送料,一般用于单工序模或复合模。四角导柱模架常用于精度要求较高或尺寸较大件的生产及大批量生产用的自动模。

后侧导柱模架的特点是导向装置在后侧,横向和纵向送料都比较方便,但如果有偏心载荷,压力机导向又不精确,就会造成上模歪斜,导向装置和凸、凹模都容易磨损,从而影响模具寿命。此模架一般用于较小的冲模。

模架的导套和导柱是机械加工中常见的套类和轴类零件,主要需进行内、外圆柱表面的加工。本书将以后侧导柱的模架为例讨论模架组成零件的加工工艺。

(二)塑料注射模的标准模架

图 1-2 所示为塑料注射模具标准模架,其模架结构的确定与塑料种类、制品的结构形状、制品的产量、注射工艺条件、注射机的类型等多项因素有关,因此其结构可以有多种变化。无论各种注射模结构差异有多大,但其基本组成方面都有许多共同特点。根据各零件与制品的接触情况,可将模具组成零件分为两大类,即成形零件和结构零件。

(1)成形零件 指与塑料制品接触并构成封闭型腔的那些零件。它们决定着制品的几何形状、尺寸精度和粗糙度参数的大小,如型芯(凸模)决定制品的内形,而型腔(凹模)决定制品的外形。

(2)结构零件 指除成形零件以外的零件。这些零件具有支承、导向、排气、顶出制品、侧向分型抽芯、温度调节、引导塑料熔体向模腔流动等功能。

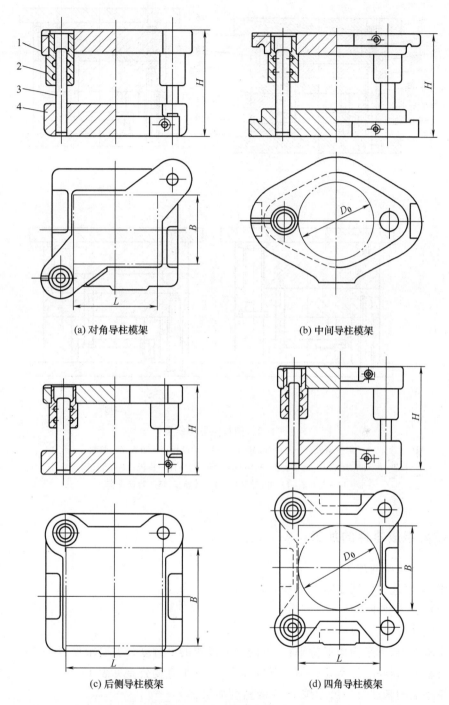

(a) 对角导柱模架   (b) 中间导柱模架

(c) 后侧导柱模架   (d) 四角导柱模架

图 1-1 冷冲模模架类型

1—上模座;2—导套;3—导柱;4—下模座

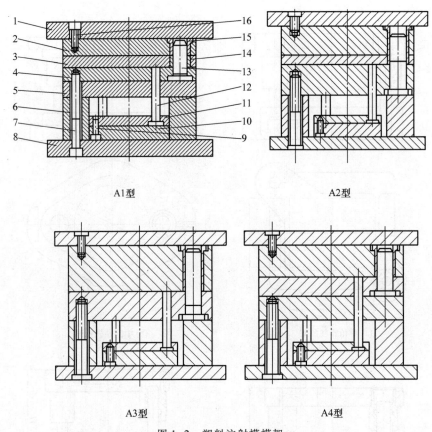

A1型 A2型

A3型 A4型

图 1-2 塑料注射模模架

1—定模座板;2—定模板;3—顶板;4—动模板;5—垫板;6—垫块;

7—内六角螺钉;8—动模座板;9、16—内六角螺钉;10—顶板;11—顶杆固定板;

12—复位杆;13—阶梯导柱;14—直导套;15—阶梯导套

二、模架组成零件的加工

（一）上、下模座的加工

上模座、下模座零件图如图 1-3 所示。

1. 模座的技术要求

模座在机械加工后，应满足如下技术要求：

（1）模座的上、下平面应保持平行，不同尺寸模座的平行度公差要求见表 1-1。

（2）模座上的导柱、导套孔必须与基准面垂直，其垂直度公差见表 1-2。

（3）模座上的未注公差尺寸按 IT14 级精度加工。

（4）模座上、下工作面精磨后的表面粗糙度值 Ra 为 1.6~0.4 μm，其余面的 Ra 为 6.3~3.2 μm；四周非安装面可按非加工表面处理。

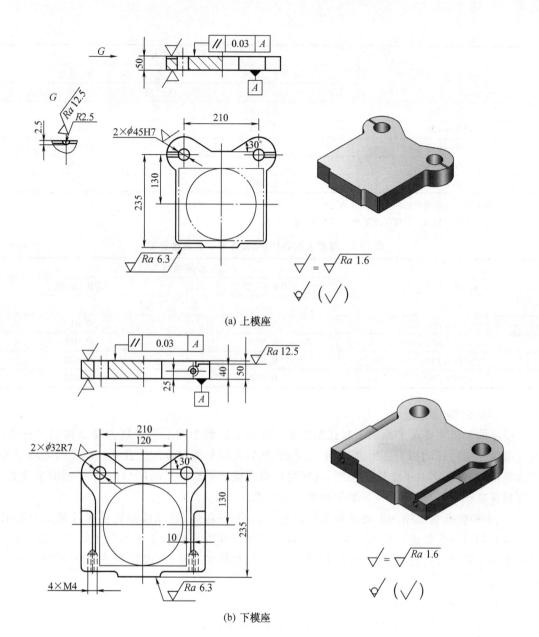

(a) 上模座

(b) 下模座

图 1-3 冷冲模座

表 1-1 模座上下平面的平行度公差   mm

基本尺寸	模架精度等级	
	0Ⅰ、Ⅰ级	0Ⅱ、Ⅱ级
	平 行 度	
>40~63	0.008	0.012
>63~100	0.010	0.015
>100~160	0.012	0.020

基 本 尺 寸	模架精度等级	
	0Ⅰ、Ⅰ级	0Ⅱ、Ⅱ级
	平 行 度	
>160~250	0.015	0.025
>250~400	0.020	0.030
>400~630	0.025	0.040
>630~1000	0.030	0.050
>1000~1600	0.040	0.060

注:1. 滚动导向模架的模座采用0Ⅰ、Ⅰ级。

2. 其他模座和板的平行度误差采用公差等级0Ⅱ、Ⅱ级。

表 1-2　模座上的导柱、导套孔与平面的垂直度　　　　　　　　mm

被 测 尺 寸	模架精度等级	
	0Ⅰ、Ⅰ级	0Ⅱ、Ⅱ级
	垂 直 度	
>40~63	0.008	0.012
>63~100	0.010	0.015
>100~160	0.012	0.020
>160~250	0.025	0.040

2. 模座的加工原则

模座的加工主要是平面加工和孔系加工。在加工过程中为了保证技术要求和加工方便,一般应遵循先面后孔的加工原则,即先加工平面,然后再以平面定位加工孔系。模座的毛坯经过刨削或铣削加工后,再对平面进行磨削,这样可以提高模座平面的平面度和上、下平面的平行度,同时容易保证孔轴线与模座上、下平面的垂直度要求。

上、下模座孔可根据加工要求和工厂的生产条件,在镗床、铣床或摇臂钻床等机床上采用坐标法或利用引导装置进行加工。生产批量较大时可以在专用镗床上进行加工。为了使导柱、导套的孔中心距尺寸一致,在镗孔时经常将上、下模座重叠在一起,一次装夹,同时镗出导柱和导套的安装孔。

3. 模座的加工工艺过程

模座通常都用铸铁或铸钢做毛坯,其工艺过程如下:

(1)铸造　铸造后的毛坯应留有适当的切削加工余量,并不允许有夹渣、裂纹和过大的缩孔、过烧现象。

(2)热处理　进行退火处理消除内应力,以利于后续工序的切削加工。

(3)钳工划线　根据模座的尺寸要求进行划线。

(4)铣(或刨)削　铣(或刨)削上、下平面,上、下各留单面磨削余量0.15~0.20 mm。

(5)钻削　钻导套、导柱孔,各孔留镗孔余量2 mm。

(6)刨削　刨削气槽、油槽,加工到尺寸。

(7)磨削　磨削上、下平面,加工到尺寸要求。

(8)铣削　铣削肩台至尺寸。

（9）镗削 镗削导柱、导套孔。在镗孔时，上、下模座的导套及导柱孔应配对加工，其余各螺孔、销孔应与凸模固定板、凹模配钻加工，以保证两零件孔的同轴度要求。

加工模板孔时，需以模板平面为基准，用专用镗床或钻床加工。其上、下模座相应的导柱、导套孔应保持同轴，而孔的中心线应与模板平面保持垂直并达到孔径尺寸。

（10）检验 按图样要求进行检验。

（11）钳工 加工后的模板应去除未加工表面的毛刺、凸起或对非加工表面涂漆。

4. 上、下模座孔的加工

上、下模座上的孔都是压入导套和导柱用的，因此孔距精度，孔径尺寸及孔与上、下模底板平面的垂直度都有严格的要求。上、下模座孔的加工方法如下：

1）利用卧式双轴镗床加工

利用卧式双轴镗床加工模座上的孔，是目前经常采用的一种加工方法。镗孔的典型加工过程见表1-3。

2）利用摇臂钻床加工安装孔

为了便于在钻床上加工模座上的导柱、导套安装孔，导柱可以设计成如图1-4所示的锥形，底部带有螺纹丝杆，在装配模架时，导柱的底端用螺母紧固在下模座上即可。

在加工图1-4中的锥形导柱安装孔时，以下模座的上、下平面作为基准进行划线，可用摇臂钻床进行加工。其加工方法是：

表1-3 用卧式双轴镗床的模座镗孔加工过程

序号	内容	简 图	说 明
1	调节两主轴间距离	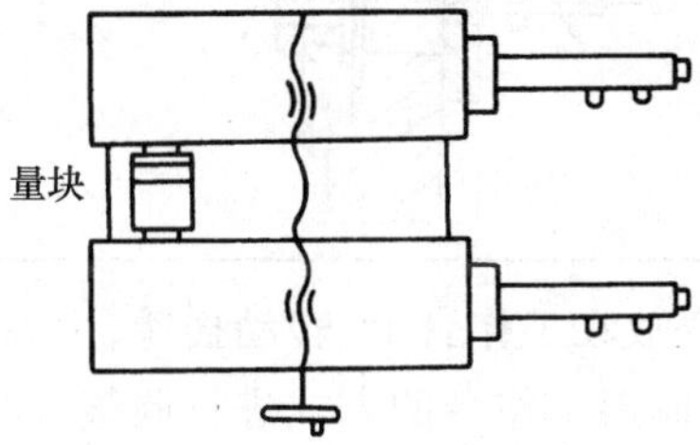 量块	通过丝杠移动滑板调节两主轴间距离。根据镗孔的孔距要求，在两主轴头间垫以相应尺寸的量块或标准垫块
2	安装镗刀	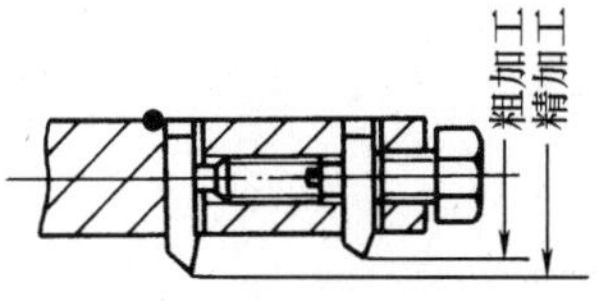 粗加工 精加工 (a) 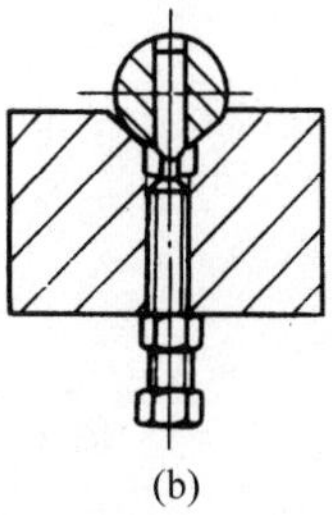 (b)	镗刀插入刀柄，用紧定螺钉紧固（图a）。镗刀伸出长度按镗孔尺寸调节，一般粗镗应镗去余量的2/3～3/4 镗刀伸出长度可用图b对刀工具核对

序号	内容	简 图	说 明
3	工件（模座）的定位与装夹	（见简图 a、b）	（1）将套与芯棒插入定位件（图 a） （2）移动定位件，使芯棒对准镗刀柄 （3）将定位件紧固 （4）将套插入模座的毛坯孔内，并将芯棒插入套孔内（图 b） （5）起动电动机使压板将模座压紧
4	镗孔	（见简图）	取去芯棒等工具，进行镗孔

（1）校正模座的位置。将模座放在工作台上，转动摇臂，用装在机床主轴上的百分表校正模座的平行度及垂直度，并用垫片或倾斜工作台的方式进行调整，如图 1-5 所示。

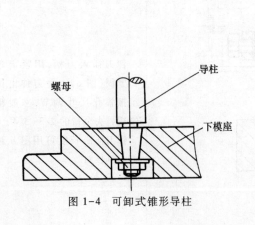

图 1-4　可卸式锥形导柱

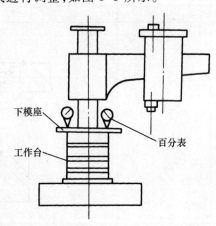

图 1-5　用摇臂钻床加工导柱、导套安装孔

（2）钻毛坯孔。调整好模座的位置，按划线钻孔。钻孔时用小于锥孔小端尺寸0.5～0.8 mm的钻头。

（3）精钻孔。用精钻钻孔并留有0.5 mm的精铰余量。

（4）铰孔。用专用锥形铰刀在机床上铰出锥孔。

（5）用上述同样的方法，钻铰第二个导柱安装孔。

（6）钻沉孔。翻转模座进行钻沉孔或锪孔。

此外，上、下模座孔还可在坐标镗床上加工。若在立式铣床工作台上附加量块、百分表测量装置，则也可在立式铣床上加工。

（二）导柱的加工

模具应用的导柱结构种类很多，其标准的结构形状如图1-6所示。导柱主要的表面为不同直径的同轴圆柱面，根据它们的结构尺寸和材料要求，可直接选用适当尺寸的圆钢作为毛坯料。在机械加工过程中应保证导柱的技术要求。

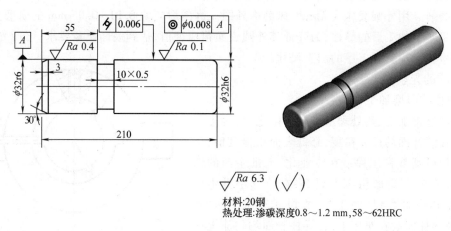

材料:20钢
热处理:渗碳深度0.8～1.2 mm,58～62HRC

图1-6　导柱

1. 导柱的技术要求

（1）导柱与固定模座装配部位直径的同轴度公差，不应超过工作部分直径公差的1/2。

（2）导柱的工作部分圆柱度公差应满足表1-4的要求。

表1-4　导柱工作部分圆柱度公差　　　　　　　　　　　　　　　　mm

导柱直径	模架精度等级	
	0Ⅰ、Ⅰ级	0Ⅱ、Ⅱ级
	圆 柱 度	
≤30	0.003	0.004
>30～45	0.004	0.005
>45	0.005	0.006

（3）导柱在加工后，其各部分尺寸精度、表面质量及热处理要求都应符合图样要求。

2. 导柱的加工工艺过程

图1-6中的导柱加工工艺过程如下：

（1）备料、切断　导柱的材料一般为20钢（或按图样要求选取材料）。切断后，断面应留有端面车削余量3~5 mm，外圆应留有3~4 mm的切削余量。

（2）车削端面、钻中心孔　车削一端端面，留出1.5~2.5 mm车另一端面时的车削余量，钻中心孔；调头车削另一端面至尺寸要求，钻中心孔。

（3）车削外圆　按图样要求粗车外圆，两边各留0.5 mm的磨削余量，如导柱有槽，车槽至尺寸。

（4）检验　检验前几道工序的加工尺寸。

（5）热处理　按热处理工艺进行，保证渗碳层深度0.8~1.2 mm，渗碳后的淬火硬度为58~62 HRC。

（6）研磨　研一端中心孔，然后调头研另一端中心孔。

（7）磨削　用外圆磨床或无心磨床磨削外圆。磨削后应留0.01~0.05 mm的研磨余量。

（8）研磨　加工后的导柱，为降低其外圆表面粗糙度值，达到表面质量要求，可抛光圆柱面。

（9）检验　检验各工序的加工尺寸。

3. 导柱的光整加工

1）导柱的研磨加工

导柱经过粗加工、热处理及外圆磨削之后，为进一步提高导柱圆柱面的尺寸精度，降低表面粗糙度值，可在最后采用研磨导柱工序。在专业化、大批生产的情况下，可以在专用研磨机床上研磨；在单件小批生产中，常采用导柱研磨套（图1-7）在卧式车床上研磨。研磨时，将导柱安装在车床上，在导柱表面均匀涂上一层研磨剂，然后把研磨工具套装在导柱被研磨表面上，利用滑板的往复运动和主轴的旋转运动进行研磨。

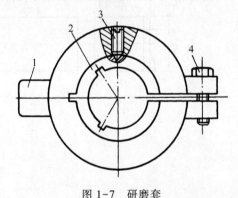

图1-7　研磨套
1—研磨架；2—研磨套；3—限位螺钉；4—调整螺栓

粗磨时研磨速度取40~60 m/min，精磨时取6~12 m/min。通过研磨工具上的调整螺栓调节研磨套的直径，以控制研磨量的大小。研磨余量一般取0.05~0.012 mm。研磨时的工作压力：粗研磨时取$(1~2)×10^5$ Pa；精研磨时取$(0.1~1)×10^5$ Pa。

研磨套是用铸铁制造的，其内径比工件的外径大0.02~0.04 mm，长度一般取工件研磨表面长度的25%~50%。利用研磨套研磨导柱方法简单、加工效果好。

2）中心孔的修整

在加工导柱时，为保证各外圆柱面之间的位置精度和均匀的磨削余量，外圆车削及磨削工序的定位基准应重合，导柱以中心孔定位，使其各道工序的定位基准统一。导柱在热处理后要进行中心孔修整，目的在于消除中心孔在热处理过程中可能产生的变形和其他缺陷，使磨削外圆柱面时中心定位孔与顶尖表面之间配合良好，获得准确定位，以保证外圆柱面形状和位置精度要求。具体有以下几种方法：

（1）磨削方法　图1-8是在车床上用磨削方法修整中心孔的示意图。加工时，用三爪自定心卡盘夹持锥形砂轮,在被磨削的中心孔处,加入少量煤油或机油,手持工件,利用车床尾座顶尖支撑,开动车床,利用车床主轴的转动进行磨削。用这种方法修整中心孔效率高、质量好,但砂轮磨损快,需要经常修整。

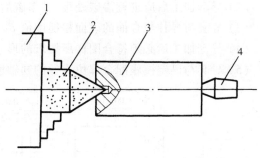

图1-8　用磨削方法修整中心定位孔
1—三爪自定心卡盘;2—锥形砂轮;3—工件;4—尾座顶尖

（2）研磨方法　这种方法是用锥形的铸铁研磨头代替锥形砂轮,在被研磨的中心孔表面加研磨剂进行研磨的。如果用一个与外圆磨床顶尖相同的铸铁顶尖作研磨工具,将铸铁顶尖和磨床顶尖一道磨出60°锥角后再研磨中心孔,可保证中心孔与磨床顶尖达到良好配合,磨削出外圆柱面的圆度和同轴度误差不超过0.002 mm。

（3）挤压中心孔法　图1-9是挤压中心孔的硬质合金多棱顶尖。挤压时,多棱顶尖装在车床主轴的锥孔内,其操作与磨削顶尖孔方法相类似,利用车床的尾座顶尖将工件压向多棱顶尖,通过多棱顶尖的挤压作用,修整中心孔的几何形状误差。这种方法生产率较高(只需几秒钟),但质量稍差,一般用于大批生产且精度要求不高的中心孔修整。

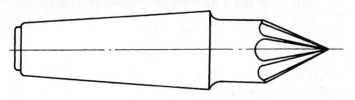

图1-9　硬质合金多棱顶尖

（三）导套的加工

导套和导柱一样,都是模具中应用最广泛的导向零件,其常见的标准结构形状如图1-10所示。构成它们的主要表面是内、外圆柱面。因此,可根据它们的结构形状、尺寸和材料要求,选用适当尺寸的圆钢作为毛坯。

1. 导套的技术要求

（1）导套加工后其工作部位圆柱度公差应满足表1-5的要求。

表1-5　导套内径圆柱度公差　　　　　　　　　　　　　　　　　　　mm

导套内孔直径	模架精度等级	
	0Ⅰ、Ⅰ级	0Ⅱ、Ⅱ级
	圆　柱　度	
≤30	0.004	0.006
≥30~45	0.005	0.007
>45	0.006	0.008

（2）导套加工后应进行渗碳处理,其渗碳后的淬火硬度为 58～62 HRC,渗碳层要均匀。

（3）导套与导柱配合面的表面粗糙度值 Ra 应小于 0.4 μm。

（4）导套加工后必须符合图样所要求的形状及尺寸精度要求。

（5）导套与固定模座配合部位直径的同轴度公差,不应超过工作部分直径公差的 1/2。

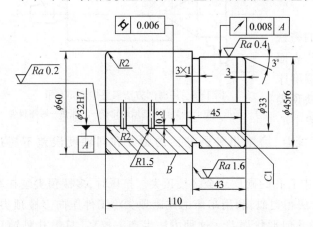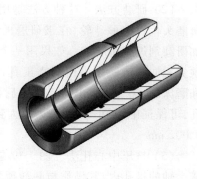

材料:20号钢　热处理:表面渗碳深度0.8～1.2 mm　58～62 HRC

图 1-10　导套

2. 导套的加工工艺过程

图 1-10 中导套的加工工艺过程如下:

（1）备料,切断　将圆钢切断,长度范围内留端面切削余量 4 mm（两端）,在圆柱直径上应留 3～4 mm 的车削余量。

（2）车削　车削端面留 2～3 mm 余量,钻导套孔留 2 mm 车、磨削余量,车削外圆 B,留磨削余量,镗孔、镗油槽。

（3）车削　车削另一端至尺寸要求,车削外圆至尺寸。

（4）检验　检验前几道工序尺寸。

（5）热处理　按热处理工艺进行,保证渗碳层深度 0.8～1.2 mm,硬度 58～62 HRC。

（6）磨削　磨削内孔留 0.01 mm 研磨余量,磨削外圆至尺寸。

3. 导套的光整加工

为提高导套内孔尺寸精度和减小表面粗糙度值,常采用以下光整加工方法:

1）用挤压方法加工导套孔

图 1-11 为钟表行业或冲压厚度小于 2 mm 以下板料所用模架的导套。导套采用粘结方式与模座装配,因此外圆加工要求不高。导套的内孔尺寸较小,长度较大,可采用挤压工具加工导套内孔。挤压前,内孔用车床粗车成形并留有挤压余量 0.25～0.3 mm。然后,将加工后的导套放

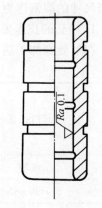

图 1-11　钟表行业用
模架的粘结式导套

在专用挤压工具内进行冷挤压成形。

这种导套在挤压后的热处理时需控制变形,热处理后研磨内孔。

表1-6为挤压导套内孔工具尺寸规格,挤压工具采用CrWMn材料制成,其淬火硬度为62~64 HRC,表面粗糙度值 Ra 为0.4 μm。

2)用研磨工具研磨导套孔

研磨导柱、导套的研磨剂是由磨料与磨液混合配制而成的,其配制方法见表1-7。使用时,加入煤油或汽油稀释。研磨料的粒度:一般粗研磨和半精研磨时为W20~W10;精研磨时为W7以下。

表1-6　挤压导套内孔用工具尺寸规格　　　　　　　　　　mm

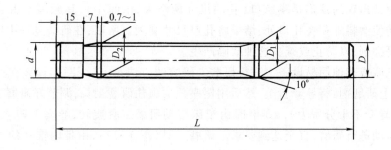

规格	D	D_1	D_2	d	L	规格	D	D_1	D_2	d	L
1	13.85	13.95	13.73	13.70	185	3	15.85	15.95	15.73	15.70	195
2	14.85	14.95	14.73	14.70	185	4	16.85	16.95	16.73	16.70	195

表1-7　导柱、导套研磨剂的配制

用途	成分	比例/%	配 制 方 法	备　　注
导套用研磨剂	氧化铝	52	将油酸、凡士林、猪油、混合脂混合加热至60 ℃,再将氧化铝粉倒入,搅拌均匀后,冷却即可使用	磨料粒度为220#~W7,混合脂由60%的硬脂、28%的牛骨油、12%的蜂蜡混合而成
	油酸	7		
	凡士林油	10		
	猪油	5		
	混合脂	26		
导柱用研磨剂	抛光膏302号	50	将猪油熔化,与锭子油、氧化铬均匀搅拌即成	
	猪油	25		
	机械油32号	25		

不同粒度的磨料研磨后所能达到的表面粗糙度值见表1-8。

表 1-8　研磨后达到的表面粗糙度值

研 磨 方 法	研磨料粒度	能达到的表面粗糙度值 $Ra/\mu m$
粗研磨	$100^{\#} \sim 120^{\#}$	0.63~1.25
	$150^{\#} \sim 280^{\#}$	0.16~1.25
精研磨	W40~W14	0.08~0.32
精密件粗研磨	W14~W10	<0.08
精密件半精研磨	W7~W5	0.01~0.04
精密件精研磨	W5~W0.5	0.01~0.04

　　导套研磨中常出现的缺陷是喇叭口(孔的尺寸两端大,中间小),其原因是由于研磨时研磨工具的往复运动使磨料堆积在孔口处,结果将孔口尺寸磨大。所以,在研磨过程中应及时清除堆积在孔口处的研磨剂,以防止或减少这种缺陷产生。

　　导套可在车床或其他简易设备上进行研磨。研磨的方法是:将研磨工具夹在三爪自定心卡盘上,再均匀涂上研磨剂,将导套套上,然后用尾座顶尖顶住研磨工具,调节好研磨工具与导套的松紧(用手转动导套不十分费力)。研磨时由车床带动研磨工具旋转,导套不转动,只借助于滑板的往复纵向运动进行研磨,直至达到要求。研磨工具(图 1-12),由带内锥孔的可胀研磨套与调节杆组成,调节两端的螺母可调整研磨套的外径,使研磨套径向尺寸扩大或缩小。

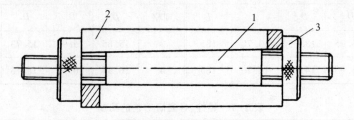

图 1-12　导套研磨工具
1—锥度心轴;2—研磨套;3—调整螺母

　　3)磨削导套外圆

　　磨削导套外圆时,为保证内、外圆柱面的同轴度要求,可先将导套内孔磨削出所需尺寸精度,然后将其安装在小锥度心轴上,如图 1-13 所示。以心轴和导套内孔表面之间的摩擦力带动导套旋转磨削导套的外圆柱面,从而获得较高的内、外圆柱面轴线的同轴度要求。这种方法操作简便,生产率高,但需制造专用的具有高精度的心轴,其硬度在 60 HRC 以上。

　　(四)其他结构零件的加工

　　1. 侧型芯滑块的加工

　　当塑料制品有侧凹或侧孔时,模具应设计成侧向分型或侧向抽芯机构。图 1-14 为一种斜导柱侧向抽芯机构的结构图。工作时,侧型芯滑块(或斜滑块)在斜导柱的带动下在导滑槽内运动;开模后,在制件顶出之前完成侧向分型或抽芯工作,使制件顺利顶出模具。侧型芯滑块与滑槽可采用不同的结构组合,如图 1-15 所示。

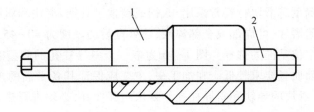

图 1-13　小锥度心轴安装导套

1—导套;2—心轴

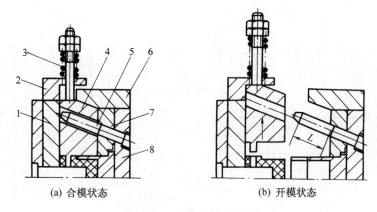

(a) 合模状态 　　　　　　　　(b) 开模状态

图 1-14　斜导柱抽芯机构

1—动模板;2—挡块;3—弹簧;4—侧型芯滑块;5—斜导柱;

6—锁紧楔;7—固定板;8—定模板

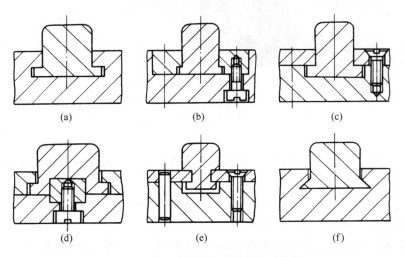

(a)　　　　　　　　(b)　　　　　　　　(c)

(d)　　　　　　　　(e)　　　　　　　　(f)

图 1-15　侧型芯滑块与滑槽的常见结构

　　侧型芯滑块是侧向抽芯机构的重要组成零件,它有配合要求较高的斜面、针孔和成形表面,其与滑槽的位置精度和配合要求较高,所以,在机械加工过程中,除保证尺寸、形状精度外,还要保证相互位置精度。侧型芯滑块材料常采用 45 钢或碳素工具钢,滑块和斜滑块的导向表面及成形表面要求具有较高耐磨性,可局部或全部淬硬,热处理后的硬度为 40~45 HRC。

（1）侧型芯滑块定位基准的选择　图 1-16 为带一个斜导柱孔的侧型芯滑块。斜导柱孔的位置和尺寸精度及表面质量要求较低。在加工中,主要应保证其各平面的加工精度和表面粗糙度参数。另外,侧型芯滑块的导轨和斜导柱孔均要求耐磨性好,必须进行热处理,保证硬度要求。侧型芯滑块各组成平面都有平行度、垂直度的要求。位置精度的保证,主要靠选择合理的定位基准。图 1-16 的侧型芯滑块,在加工过程中的定位基准为宽度 60 mm 的底面和与其垂直的侧面。对于各平面之间的平行度,则由机床精度和合理装夹来保证。

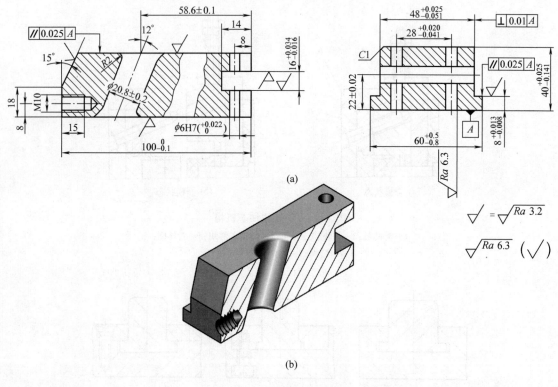

图 1-16　侧型芯滑块

（2）侧型芯滑块的加工工艺过程　根据侧型芯滑块加工工艺分析和加工方案选择,图 1-16 中侧型芯滑块的加工工艺过程如下:

① 备料　锻造毛坯,加工尺寸至 110 mm×70 mm×50 mm。

② 热处理　退火后硬度小于 240 HBS。

③ 铣削平面　铣削毛坯的六个平面,加工尺寸至 101 mm×60 mm×40.6 mm。

④ 铣削平面、斜面　铣削滑导部,留磨削余量 0.4 mm（单边）,铣削斜面至设计要求。

⑤ 划线　钳工划 $\phi20$、M10、2×$\phi6$ 孔中心线及端面凹槽线。

⑥ 钻孔、镗孔　钻 M10 螺纹孔,钻 $\phi20.8$ 斜孔至 $\phi18$,镗 $\phi20.8$ 斜孔至尺寸,留研磨量 0.04 mm,钻 2×$\phi6$ 孔至 $\phi5.9$。

⑦ 检验　检验上几道工序尺寸。

⑧ 热处理　导轨对面、15°斜面、ϕ20.8 内孔局部热处理,保证 53~58 HRC。

⑨ 磨削平面　磨削导滑平面至设计要求。

⑩ 研磨　研磨 ϕ20.8 斜内孔至要求。

⑪ 钻孔、铰孔　与型芯配装后,钻 2×ϕ6 孔并配铰孔。

⑫ 钳工装配　对 2×ϕ6 孔安装定位销。

⑬ 检验　检验各工序尺寸。

2. 浇口套的加工

常见注射模浇口套的类型及尺寸、材料、技术要求如图 1-17 所示。与一般套类零件相比,浇口套锥孔小(小端直径为 3~10 mm),加工较难。在加工浇口套时应保证其锥孔与外圆同轴(以便在安装模具时,通过定位环使浇口套与注射机的喷嘴对准)。

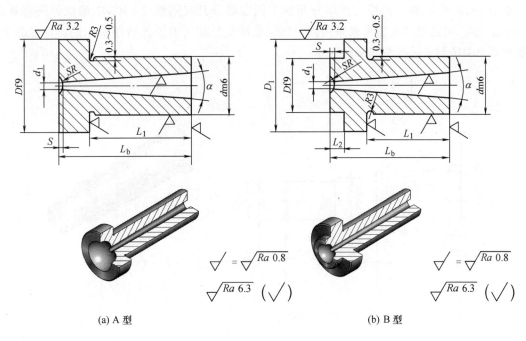

(a) A 型　　　　　　　　　　　(b) B 型

图 1-17　浇口套(材料 T10A)

浇口套的加工工艺过程如下:

(1)备料。按零件结构及尺寸选用热轧圆钢或锻件做毛坯,保证直径和长度方向上有足够的加工余量。为使浇口部分长度尺寸可靠,应将毛坯长度适当加长。

(2)车削。车削外圆及端面并留磨削余量;车削退刀槽至设计要求;用自磨锥钻头和铰刀加工主浇道口并研光;车削端面保证尺寸 L_b,车削球面凹坑至设计要求。

(3)检验。检验上道工序尺寸。

(4)热处理。淬火回火至 50~55HRC。

(5)磨削加工。以锥孔定位,磨削外圆 d 及 D 至设计要求。

(6)检验。

第二节　冲裁模凸模的加工

凸模是冲裁模的工作零件,其工作表面的加工方法与其形状、尺寸及精度有关,由于冲裁件的形状繁多,凸模刃口轮廓也多种多样。从工艺角度考虑,凸模大致可分为圆形和非圆形两类。

一、圆形凸模的加工方法

(一) 圆形凸模的结构

圆形凸模的工作面和固定端一般都为圆形,其结构主要由外圆柱面和端面及过渡圆角组成。圆形凸模制造方法比较简单:在车床上先加工毛坯;经热处理后,用外圆磨床精磨;最后刃磨工作部分。

如图 1-18 所示,圆形凸模工作部分相对于固定部分具有同轴度<ϕ0.02 的位置公差要求,一般在加工时,可通过一次装夹或采用同一定位基准安装加工的工艺措施来保证。常见的工艺方案有双顶尖法与工艺夹头法两种。

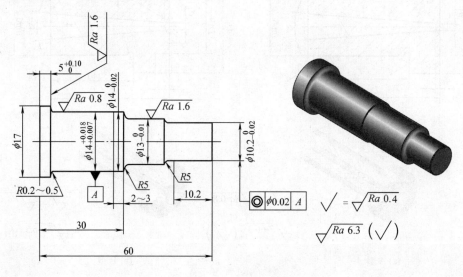

图 1-18　圆形凸模

(二) 圆形凸模的加工

1. 双顶尖法

双顶尖法是先车削出圆形凸模的两个端面,按中心孔 GB 145—1985 的要求钻两端顶尖孔,再用双顶尖装夹圆凸模毛坯车削及磨削圆柱面。这种方法可保证车削、磨削外圆时安装定位基准相同,适用于细长圆形凸模的加工。

2. 工艺夹头法

工艺夹头法是先车削出圆形凸模两端面、外圆及工艺夹头,然后用三爪自定心卡盘(图 1-19)一次装夹磨削三个台阶面。这种方法适用于长径比不大的圆形凸模的加工。图中夹头长 10 mm,割槽处留 5 mm,待圆形凸模装入凸模固定板后,用锤子敲出工艺夹头,再磨平圆形凸模的上端面。

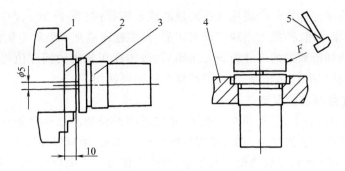

图 1-19　用工艺夹头加工圆形凸模示意图
1—三爪自定心卡盘;2—工艺夹头;3—圆形凸模;4—固定板;5—锤子

圆形凸模的加工工艺见表 1-9。

表 1-9　圆形凸模的加工工艺过程

工序号	工序名称	工序内容	设备	工序简图
1	备料	将毛坯锻造成 $\phi20\times65$ mm 圆棒料		
2	热处理	退火		
3	车外圆、钻中心孔	按图车全形,单边留 0.2 mm 精加工余量,钻出中心孔及 $\phi3$ mm 小孔	车床	
4	热处理	淬火并回火,检查硬度 58~62 HRC		
5	磨削	磨外圆、两端面,达设计要求	磨床	
6	钳工精修	全面达到设计要求		
7	检验			

二、非圆形凸模的加工方法

对于非圆形凸模(以下简称凸模),传统的加工方法有压印锉修、刨削加工、铣削加工和成形磨削。这些加工方法都是在热处理前进行的,由于热处理变形,因此凸模的加工精度不高,并且生产效率较低。

(一)压印锉修

用凹模压印锉修制造凸模刃口,是模具钳工经常应用的一种制造凸模方法,特别在缺少专用制模设备的情况下,采用此法是十分有效的。

如图 1-20 所示,凸模在凹模压印锉修前,先在车床或刨床上预先加工出凸模毛坯的各面,并在凸模上划出工作表面的轮廓线。然后,在铣床上按照划线轮廓粗铣凸模的工作表面,并留单边锉修余量 0.10~0.20 mm,然后用凹模压印锉修成形。

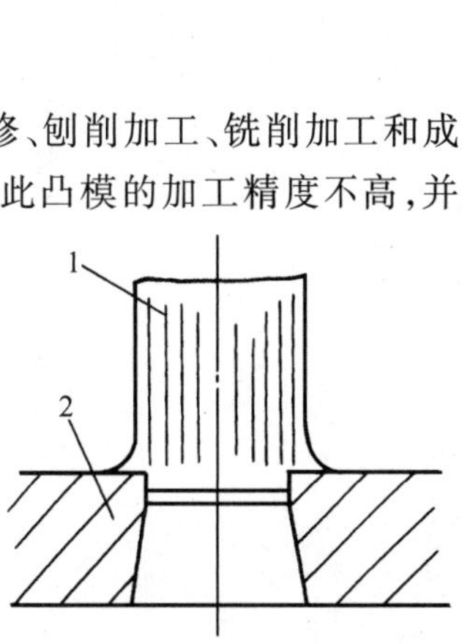

图 1-20　用凹模压印
1—凸模;2—凹模

1. 压印的方法

在压力机上，将未经淬火的凸模压入已淬硬的成形凹模内(图 1-20)，凸模上的多余金属由于压力的作用被凹模挤出，凸模上出现凹模的印痕，再根据印痕把多余的金属锉去。这样反复多次，直到凸模刃口达到所要求的尺寸为止。压印后，按图样所规定的间隙值再锉修凸模，直到间隙合适并经检验合格后进行热处理，再经刃磨修整后即可使用。

2. 凹模压印锉修制造凸模要点

(1) 压印凹模刃口的上、下平面要求磨平，并将压印凹模和凸模坯料先进行退磁处理，否则在压印过程中，其碎铁屑会附在刃口上，使刃口擦伤产生划痕，影响压印质量。

(2) 为减少压印摩擦和提高凸模表面质量，凹模工作刃口表面质量要求较高，表面粗糙度值 Ra 小于 0.4 μm，在压印前凸模及凹模表面上应涂一层少量的硫酸铜。

(3) 在压印时，应将凸模正确地放在凹模刃口内，使四周余量分布均匀，压印凹模表面与凸模中心线垂直后(用 90°角尺检查)方能进行挤压。

(4) 在压印时最好用手扳动压力机或油压机，不宜采用曲柄压力机，应当始终保持压力机的压力中心通过凹模的中心线，不可歪斜。

(5) 每次压印不宜过深，首次压印控制在 0.2 mm 以内，以后可逐渐增加到 0.5~1.5 mm。

(6) 每次压印后，可根据压印印痕锉修，锉修时不允许碰到已压光的表面。锉修后留下的余量要均匀，以免下次压印时产生不必要的偏斜。

凹模压印锉修加工主要应用在缺少机械加工设备，凸、凹模间隙很小甚至无间隙的冲裁模制造场合。

(二) 刨削加工

模具制造主要是单件或小批生产，因此，可用刨床加工模具零件的外形平面和曲面(必要时亦可加工模具零件的内孔)。其尺寸精度可达 0.05 mm，表面粗糙度值 Ra 为 6.3~1.6 μm。刨削后需经热处理，一般都留有精加工余量。

1. 刨削冲孔凸模

刨削图 1-21 所示的凸模，需使用通用夹具——机床用平口虎钳和专用夹具进行装夹。

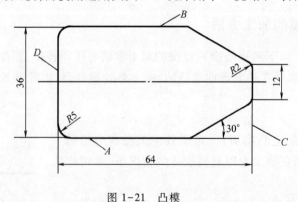

图 1-21 凸模

(1) 刨削前的准备。

① 按凸模尺寸留合适的加工余量锻造出矩形毛坯，并根据所用的材料进行适当的退火、正

火或调质处理。

② 准备好所用的量具、刀具及样板等。

③ 安装、调整好专用的夹具。

（2）刨削过程。用机床用平口虎钳或专用夹具装夹凸模毛坯后进行刨削加工。加工时进刀量要均匀，不要太大，并经常测量各部分尺寸。

① 用机床用平口虎钳装夹并刨削坯料 A、B 两平面，保证两平面的平行度，使厚度至尺寸要求，留余量 0.02 mm。

② 用机床用平口虎钳装夹并刨削坯料 C、D 两侧面及 R5 圆弧面，保证圆弧与两平面圆滑过渡。刨削两端面，使坯料宽度、高度至尺寸要求，留余量 0.02 mm（单边）。

③ 用专用工具装夹。刨削两斜面至尺寸并留余量 0.02 mm。用圆弧刨刀刨削 R2 圆弧，保证与两平面圆滑过渡，如图 1-22 所示。

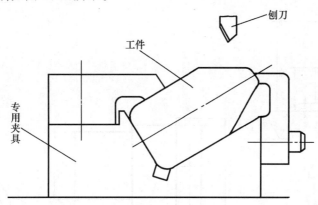

图 1-22　刨削斜面及圆弧

（3）热处理。按热处理工艺进行，淬火硬度达 58～62 HRC。

（4）研磨。研磨凸模侧面及刃口，保证尺寸精度和表面质量达到设计要求。

（5）检验。测量各部分尺寸并检验圆弧。

2. 刨削凸模时的注意事项

应用牛头刨床加工凸模时应注意以下事项：

（1）刨削前的准备。

① 应在凸模非加工端面上划线或在端面粘贴样板，以作为刨削时的依据。划线必须线条明显、清晰、准确，最好能打样冲眼，以免加工时造成线条不清。

② 准备好量具及专用加工工具。根据凸模的几何形状，制造专用的成形刀具和样板。

③ 根据凸模的形状，选择、安装、调整好专用的夹具。

（2）刨削加工。

① 凸模要牢固地夹紧在刨床的工作台或夹具之中，不准松动。

② 每次进刀量不要太大。当快要加工到所需尺寸时更要小心，以防止划伤已加工表面。

③ 在刨削过程中要用测量工具、样板等随时进行检验，并根据加工余量调整进刀量，以保证刨削质量。

（3）凸模的检验。对刨削后的凸模，要以量具和样板配合检验，刨削后应留有精加工余量。一般粗刨后单边研磨余量为 0.2 mm 左右，精刨后单边研磨余量为 0.02 mm 左右。

（三）铣削加工

在铣床上加工凸模，一般都按划线加工。在加工时，铣床的工作台和固定在铣床工作台上的坯料，采用手工操作纵横向进给。图 1-23a 所示的凸模，可以采用立铣加工。其加工工艺如下：

1. 毛坯准备

（1）准备 φ55~φ60 圆钢或锻件，按图样要求车削成如图 1-23b 所示坯料。

（2）用平面磨床磨削上、下端面，在坯料的上端面按图样划线。

2. 立铣成形

（1）将毛坯夹紧在铣床的圆盘夹头上，开启铣床，利用圆柱铣刀顺划线轨迹进行铣削，如图 1-23c 所示。

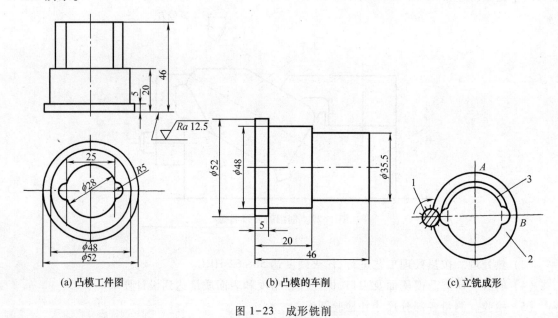

(a) 凸模工件图　　　　　(b) 凸模的车削　　　　　(c) 立铣成形

图 1-23　成形铣削

1—铣刀；2—毛坯；3—划线线条

（2）钳工修整至尺寸要求。铣削加工时，用手操作铣床工作台，使毛坯随工作台转动的轨迹与划线的外缘形状相吻合，并使刀能靠线均匀地行走。铣削后，各铣削面一般都应留有 0.15~0.30 mm 的余量，以便于钳工最后修整成形。

（四）成形磨削

成形磨削是模具零件成形表面精加工的一种主要方法，可以用来对凸模、凹模镶块、电火花加工用的电极等成形表面进行精加工，也可以加工硬质合金和热处理后硬度很高的模具零件。成形磨削可以在成形磨床、平面磨床、万能工具磨床和工具曲线磨床上进行。

成形磨削的基本原理，是把构成零件形状的复杂几何形线分解成若干简单的直线段和圆弧，然后进行分段磨削，使构成零件的几何形线互相连接圆滑、光整，达到图样的技术要求。成形磨削的方法有以下几种：

1. 成形砂轮磨削法

这种方法是利用修整砂轮工具,将砂轮修整成与工件型面完全吻合的相反型面,然后用此砂轮磨削工件,如图1-24所示。此法的关键是把砂轮修整成所需要的形状和相应精度的成形砂轮,其修整方法有如下三种:

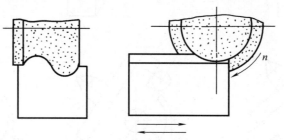

图1-24 成形砂轮磨削法

(1)成形砂轮的角度修整 为了磨削具有斜面的凸模,可将砂轮修整成一定的角度。修整时,将金刚刀固定在专门设计的正弦规修整砂轮角度的工具上,用垫量块的方法控制修整砂轮的角度,对砂轮进行修整。图1-25所示为修整砂轮角度工具的结构。修整砂轮用的金刚石刀尖刀固定在滑块2上,使用时,旋转手轮10,通过齿轮5和滑块上的齿条4,可使装有金刚石刀尖刀3的滑块2沿正弦尺座1的导轨往复运动。正弦尺座可绕心轴6转动,在正弦圆柱9与平板7之间垫不同厚度的量块8,可调整滑块转动到所需的角度,并用螺母11将正弦尺座锁紧在支架12

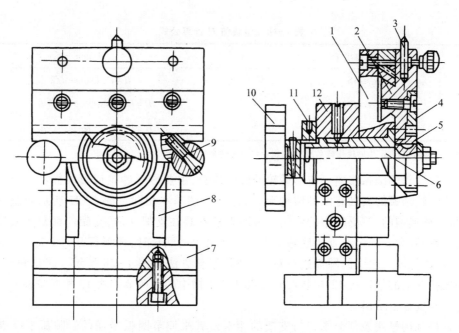

图1-25 修整砂轮角度工具
1—正弦尺座;2—滑块;3—金刚石刀尖刀;4—齿条;5—齿轮;6—心轴;
7—平板;8—量块;9—正弦圆柱;10—手轮;11—螺母;12—支架

上,然后使金刚刀3往复运动修整砂轮角度。图1-26所示是不同角度砂轮的修整工具可根据需要修整的角度α',应垫的量块值H可按表1-10选取。

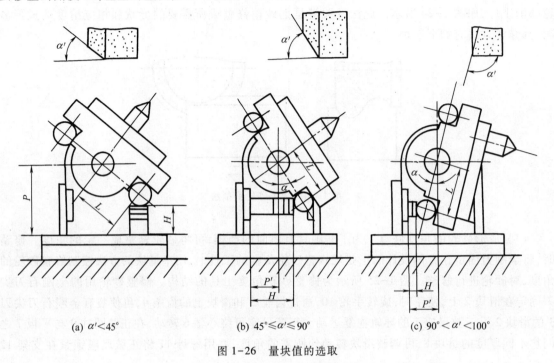

(a) $\alpha'<45°$　　　　　(b) $45°\leqslant\alpha'\leqslant90°$　　　　　(c) $90°<\alpha'<100°$

图1-26　量块值的选取

表1-10　量块值H计算公式

砂轮修整角度 α'	H/mm
$0\leqslant\alpha'\leqslant45°$	$H=P-L\sin\alpha-d/2$
$45°\leqslant\alpha'\leqslant90°$	$H=P'+L\sin(90°-\alpha)-d/2$
$90°<\alpha'<100°$	$H=P'-L\sin(\alpha-90°)-d/2$

注:d为正弦圆柱直径;α'为砂轮修整角度;α为正弦尺座旋转角度。

　　(2)成形砂轮的圆弧修整　成形砂轮的圆弧修整,主要是对砂轮成形表面不同半径圆弧的修整。修整砂轮圆弧的夹具有多种结构形式,但其原理基本相同。图1-27所示修整砂轮圆弧的工具,是一种典型的、广泛应用的结构。金刚刀柄6装在支架9内,支架与面板5及转盘4固定在一起,滑动轴承3固定在直角底座1上。当转盘手动回转时,金刚石刀尖绕夹具回转轴线做圆周运动,对砂轮成形表面的圆弧进行修整,圆弧修整方法如图1-28所示。转动角度的大小,由固定在面板5上的指针块12与装在刻度盘2圆周槽中的可调节挡块13相碰来控制。角度数值由指针在刻度盘上示出。

　　该工具是利用量块控制金刚刀与支架的相对位置来调节圆弧半径的。圆弧半径R的调节方法如下:先将直径10 mm的标准心棒11装入转盘4的锥孔内,使金刚刀尖与标准芯棒接触,用螺钉10固定。在支架9和调节环7之间垫入尺寸为50 mm的量块,用螺钉8固定。松开螺钉10,取下标准心棒。当金刚石刀尖和回转中心重合时,支架9左端面和调节环7右端面的距离为

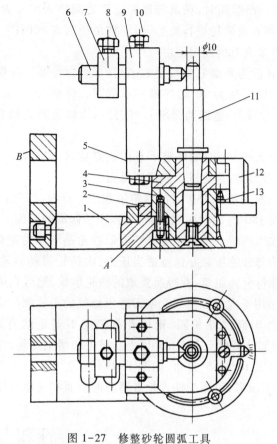

图 1-27 修整砂轮圆弧工具

1—直角底座;2—刻度盘;3—滑动轴承;4—转盘;5—面板;6—金刚石刀刀柄;
7—调节环;8、10—螺钉;9—支架;11—标准心棒;12—指针块;13—挡块

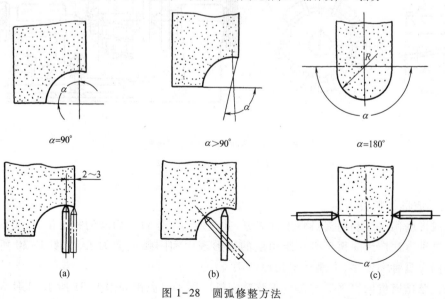

图 1-28 圆弧修整方法

45 mm。当修整半径为 R 的凸圆弧时,在调节环和支架之间垫入尺寸为 45 mm+R 的量块,并用螺钉 10 锁紧金刚石刀刀柄 6 对砂轮进行修磨;当修整半径为 R 的凹圆弧时,则所垫量块尺寸为 45 mm-R,再用螺钉 10 将金刚刀刀柄固定即可。

该工具可平放着用(A 面为底面),也可竖起来用(B 面为底面),应用范围较广。

图 1-28a 为砂轮圆弧面夹角为 90°时的修整示意图。修整时,将金刚石刀尖的摆动量调整为 90°。砂轮修成圆弧尺寸后,一边摆动金刚石刀尖,一边移出砂轮侧面,从圆弧中心至侧面应留有 2~3 mm 余量。

图 1-28b 为砂轮圆弧大于 90°时的修整示意图。修整时,将金刚石刀尖从砂轮的侧面按要求量横移,然后摆动金刚石刀尖,垂直进给成圆弧面。

图 1-28c 为砂轮圆弧面夹角为 180°时的修整示意图。修整时,先将砂轮的厚度修成两倍 R 值,然后,转动金刚石刀尖 180°与砂轮两侧相切,垂直进给修成圆弧面。

(3)用挤压法修整成形砂轮　用挤压法修整成形砂轮是利用特制的、与砂轮所要求的表面形状完全吻合的圆盘挤轮与砂轮接触并保持适当压力,由挤轮带动砂轮旋转,用挤压的方法,将砂轮的磨粒从砂轮表面强行分离脱落,获得所要求的砂轮形状,然后利用此砂轮磨削工件的一种方法(图 1-29b)。此法多用于大量加工或金刚刀难于修整的小轮廓的成形磨削。

挤轮型面尺寸与零件型面尺寸相同,轮周开有轴向不等距的直槽或斜槽,槽宽为 1.5~2.5 mm,深度应超过成形部分最低点 2.5 mm 以上。挤轮的槽主要起切削作用,并能容纳挤下来的砂粒。槽与挤轮中心线成 10°~15°斜角,如图 1-29a 所示。在 1~2 条的直槽内嵌入铁片,在挤轮精加工后,铁片也加工成形,可用此铁片检查磨削的型面和成形砂轮或反面挤轮。挤轮的直径一般为 50~60 mm。

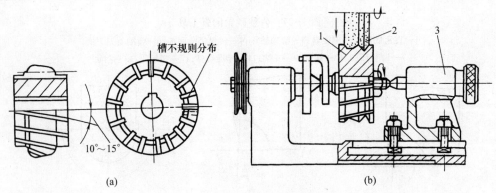

图 1-29　用挤轮修整成形砂轮

1—挤轮;2—砂轮;3—挤轮夹具

2. 夹具成形磨削法

夹具成形磨削法是利用夹具将工件夹紧,并改变与工作台平面间的相对位置,实现成形磨削的方法。这种方法广泛应用于带一定角度的成形表面和圆弧表面加工,如图 1-30 所示。常用的成形磨削夹具种类繁多,下面介绍几种:

(1)正弦精密机床用平口虎钳　正弦精密机床用平口虎钳如图 1-31 所示,工件 3 装夹在正弦精密机床用平口虎钳 2 上,在正弦圆柱 4 和底座 1 的定位面之间垫入量块组 5,这样可使工件

倾斜一定的角度,磨削工件上的斜面。垫入量块的尺寸按下式计算:

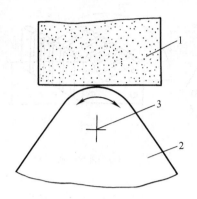

图1-30 用夹具磨削圆弧面
1—砂轮;2—工件;3—旋转中心

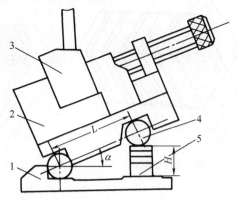

图1-31 正弦精密机床用平口虎钳
1—底座;2—精密机床用平口虎钳;
3—工件;4—正弦圆柱;5—量块组

$$H = L\sin\alpha$$

式中:L——两个正弦圆柱之间的中心距,mm;

   α——工件需要倾斜的角度,(°);

   H——垫入量块的尺寸,mm。

在使用过程中,为了保证磨削的精度,工件的定位基准面应预先磨平,并应保证垂直度和工件在夹具内的定位准确。正弦精密机床用平口虎钳最大倾斜角为45°。

(2)正弦磁力台 正弦磁力台又叫正弦夹具,如图1-32所示。它与正弦精密机床用平口虎钳的区别在于用磁力吸盘代替机床用平口虎钳装夹工件。电磁吸盘能倾斜的最大角度为45°。正弦磁力台因操作方便,能提高生产效率,故应用较广。

(3)导磁铁 导磁铁用于延伸磁力工作的磁力线,使之能吸牢带阶梯或带角度的工件。各种导磁铁的结构如图1-33所示。

(4)万能夹具 万能夹具的结构如图1-34所示,主要由分度部分、装夹部分、回转部分和十字滑板组成。

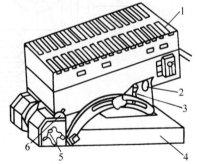

图1-32 正弦磁力台
1—电磁吸盘;2、6—正弦圆柱;
3—量块组;4—底座;5—锁紧手轮

分度部分可用来控制夹具的回转角度。正弦分度盘7上有刻度,磨削时,如果工件回转角度的精度要求不高,其转过角度数值可直接利用正旋分度盘上的刻度和游标直接读出。当回转精度要求精确时,可以利用在分度盘上四个正弦圆柱9和基准板10之间垫量块的方法来控制夹具回转角度,精度可达10″~30″。

可利用正弦圆柱和量块控制工件回转角度。如图1-35a为转动前正弦分度盘的位置。转

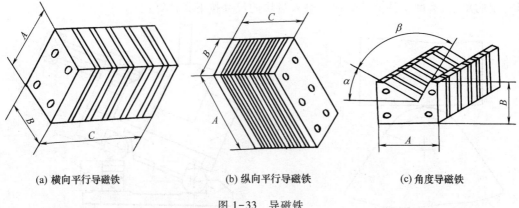

(a) 横向平行导磁铁   (b) 纵向平行导磁铁   (c) 角度导磁铁

图 1-33　导磁铁

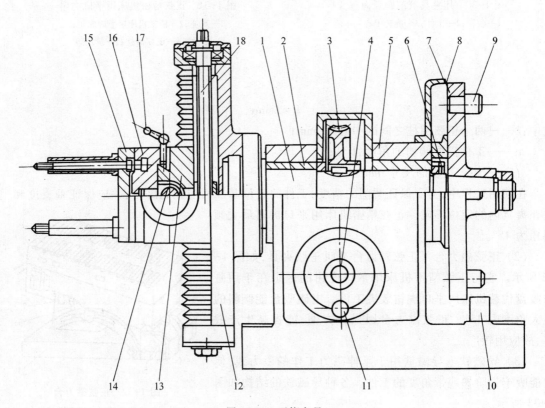

图 1-34　万能夹具

1—主轴；2—衬套；3—蜗轮；4—蜗杆；5—夹具体；6—螺母；
7—正弦分度盘；8—角度游标；9—正弦圆柱；10—基准板；11—手轮；
12—滑板座；13—纵滑板；14、18—丝杆；15—转盘；16—横滑板；17—手柄

过角度 α 后，正弦分度盘的位置如图 1-35b、c 所示，应垫入的量块值可按下式计算：

$$H_1 = H_0 - L\sin\alpha$$

$$H_2 = H_0 + L\sin\alpha$$

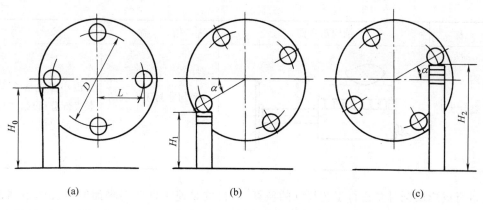

图 1-35 应垫量块的计算

式中：H_1、H_2——垫入量块尺寸，mm；

   H_0——正弦圆柱处于水平位置时所垫量块尺寸，mm；

   L——正弦圆柱轴线至分度盘中心距离，mm。

  回转部分由主轴 1、蜗轮 3 与蜗杆 4 组成。摇动手轮 11 转动蜗杆 4，通过蜗轮 3 带动主轴 1、正弦分度盘 7、十字滑板及工件一起围绕夹具和轴线回转。

  十字滑板由纵滑板 13 和横滑板 16 组成，旋转丝杆 18 使纵滑板 13 沿滑板座上的导轨上下运动。转动丝杆 14 能使横滑板 16 沿纵滑板的导轨左右运动，使安装在转盘 15 上的工件形成两个互相垂直方向上的运动。当工件移动到所需位置时，转动手柄 17，将横滑板 16 锁紧。

  装夹部分主要由转盘 15 和装夹工具组成，根据不同工件形状，其装夹方法一般有三种（表 1-11）。

表 1-11　万能夹具装夹工件方法

名　　称	结构示意图	用　　途	说　　明
直接用螺钉与垫柱装夹	螺钉 垫柱 圆盘 螺母　螺钉	磨削封闭形状的工件	1. 利用螺钉及垫柱将工件固定在圆盘上，并用螺钉及螺母使圆盘固定在夹具上 2. 垫柱一般用 1～4 个，长度为 70～90 mm
用精密机床用平口虎钳装夹	(a) (b)	1. 磨削非封闭形状的工件 2. 装夹长度＜80 mm（图 a）装夹细长工件（图 b）	由精密机床用平口虎钳与螺钉装夹部分组成

名　　称	结构示意图	用　　途	说　　明
用电磁台装夹	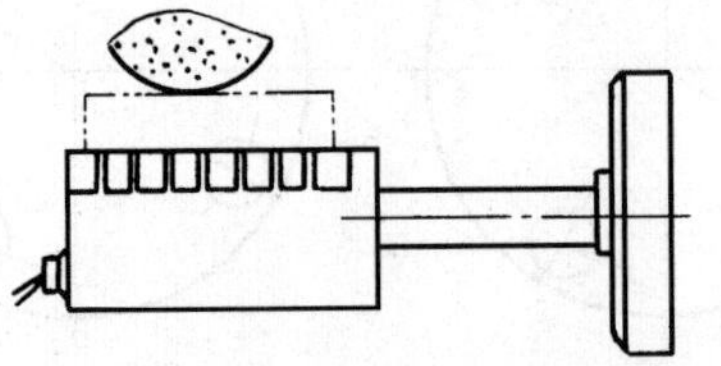	磨削非封闭形状的工件	由小型电磁台与螺钉装夹部分组成,工件必须以平面定位

在进行成形磨削时要进行工艺尺寸的换算,其目的是使工件磨削平面的位置调整到水平或垂直位置,使圆弧工件的圆弧中心调整到与万能夹具回转轴线重合,以利于用测量调整器、量块和百分表对磨削表面进行比较测量。

图 1-36a 中凸模工件图的工艺尺寸换算步骤如下:

① 计算工件各工艺中心的坐标尺寸,运算结果要精确到 0.01 mm。

② 确定各平面至对应中心的垂直距离,选定回转轴的倾斜角度。

③ 计算工件不能自由回转的圆弧面的圆心角,画出工件尺寸计算图(图 1-36b)及磨削工序图(图 1-36c)。

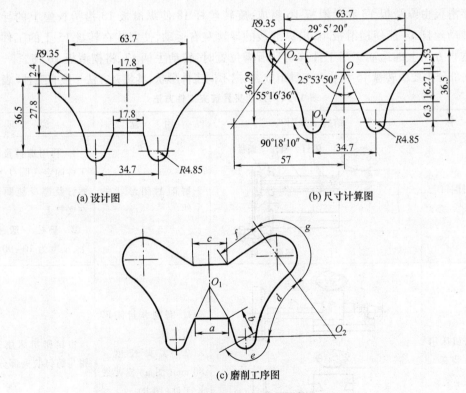

(a) 设计图　　　　　　(b) 尺寸计算图

(c) 磨削工序图

图 1-36　工艺尺寸计算及磨削工序图

在绘制磨削工序图和进行成形磨削操作过程中,应遵循的原则是:预先磨出凸模的基准面;优先磨出与基准面有关的平面;先磨削精度要求高的平面;先磨出面积大的平面;先磨水平和垂直平面,后磨斜面;凸圆弧与平面连接时应先磨平面,后磨弧面;凹圆弧与平面连接时应先磨凹弧,后磨平面;两凸圆弧连接时应先磨大半径圆弧;两凹圆弧连接时应先磨小半径圆弧;凸圆弧面与凹圆弧面连接时应先磨凹圆弧面。

(5)正弦分度夹具 正弦分度夹具主要用于磨削凸模上具有同一轴线的不同圆弧面、平面及等分槽,夹具结构如图1-37所示。磨削时,工件支承在前顶尖1和尾顶尖14之间。尾顶尖座12可沿底座10上的T形槽移动,到达适当位置时用螺钉11固定。手轮13可使尾顶尖14沿轴向移动,用以调节工件和顶尖间的松紧程度。前顶尖1安装在主轴2的锥度孔内,转动蜗杆7上的手轮(图中未画出),通过蜗杆7、蜗轮3的传动,可使主轴、工件和装在主轴后端的分度盘5一起转动,使工件实现圆周进给运动。安装在主轴后端的分度盘上有四个正弦圆柱6,它们处于同一直径的圆周上,并将该圆周四等分。

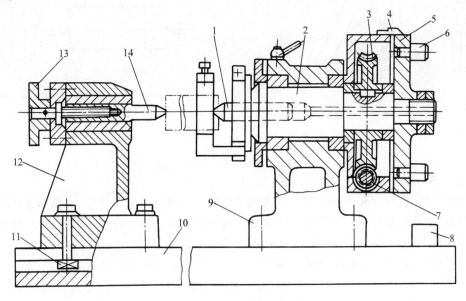

图1-37 正弦分度夹具

1—前顶尖;2—主轴;3—蜗轮;4—分度指针;5—分度盘;6—正弦圆柱;7—蜗杆;8—量块垫板;
9—主轴座;10—底座;11—螺钉;12—尾顶尖座;13—手轮;14—尾顶尖

磨削时,如果工件回转角的精度要求不高,其角度可直接利用分度盘上的刻度和分度指针读出;如果工件的回转角度精度要求较高,也可像万能夹具那样,在正弦圆柱6和量块垫板8之间垫入适当尺寸的量块,控制工件转角的大小。

应用正弦分度夹具进行成形磨削时,被磨削表面的测量可用测量调整器、量块和百分表进行比较测量。测量调整器的结构如图1-38所示,它主要由三角架1与量块座2组成。量块座2能沿着三角架上斜面的T形槽上下移动,到达适当位置时用滚花螺母锁紧。为了保证测量精度,量块座沿斜面移至斜面任何位置时,量块支撑面A、B都与安装基面C、D保持平行或垂直,其误差不大于0.005 mm。

在正弦分度夹具上磨削平面或圆弧面时,都是以夹具的回转中心线为测量基准的,因此,磨削前要调整好测量调整器上量块支撑面(A 或 B)与夹具回转中心线的相对位置(一般将量块座支撑面的位置调整至低于夹具回转中心线 50 mm 处)。为此,在夹具两顶尖之间需装一直径为 d 的标准圆柱,并在测量调整器量块座支撑面上放置尺寸为 50 mm+d/2 的量块,用百分表测量,调整量块座的位置,使量块上平面与标准圆柱面最高点等高后,将量块座固定,如图 1-39 所示。当工件的被测量表面位置高于(或低于)夹具回转中心线的尺寸为 h 时,只要在量块座支撑面上放置尺寸为 50 mm+h 或 50 mm-h 的量块,用百分表测量量块上平面与工件被测量表面,两者的读数相同时即表示工件已磨削到所要求的尺寸。

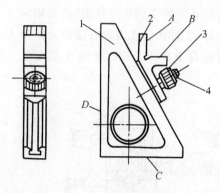

图 1-38　测量调整器

1—三角架;2—量块座;3—滚花螺母;4—螺钉

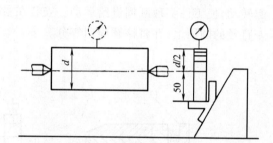

图 1-39　测量调整器的调整

3. 光学曲线磨削法

光学曲线磨削法(见图 1-40)是将放大的工件形状与放大图进行比较,操纵砂轮将图线以外的余量磨去,而获得精确型面的一种加工方法。这种方法可以加工较小的型模拼块、样板及带几何型面的工件,其加工精度可达±0.01 mm,表面粗糙度值 Ra 为 0.63~0.32 μm。

光学曲线磨床的工作原理如图 1-40 所示。先将工件要磨的形状和尺寸绘制成一张放大50 倍的图样,在光屏上显示出来。然后,利用机床下部光源射出光线,通过被加工工件 2 和砂轮 3,把它们的阴影射入物镜 4 上,并经三棱镜 5、6 的折射和平面镜 7 的反射,便可在光屏 8上得到放大 50 倍的图像。由于工件在磨削前留有加工余量,其外形超过光屏上放大图的外形。在磨削时,用手操纵磨头在纵、横方向的运动,使砂轮的切削刃沿着工件外形上下移动,同时注意观察光屏上的影像,尽可能使工件实际轮廓的影像与其放大图重合,一直磨至两者完全吻合为止。

对于投影光屏尺寸为 500 mm×500 mm 的放大 50 倍的光学投影放大系统,一次所能看到的投影区范围为 10 mm×10 mm。当磨削工件轮廓超出 10 mm×10 mm 时,应将磨削表面轮廓分段磨削。工件外形如图 1-41a 所示,按 10 mm×10 mm 的范围将工件轮廓分成 3 段。把每段内的曲线放大 50 倍,重叠绘制在一张图样上,如图 1-41b 所示。然后逐段磨出工件轮廓,即将重叠放大图置于投影屏幕上,先按图中 1~2 段曲线磨出工件上 1~2 段轮廓。再调整工作台带动工件向左移动 10 mm,并按图中 2′~3 段曲线磨削工件 2~3 段轮廓。最后调整工作台连同工件向左、向上分别移动 10 mm,按图中 3′~4 段曲线磨削工件 3~4 段轮廓。

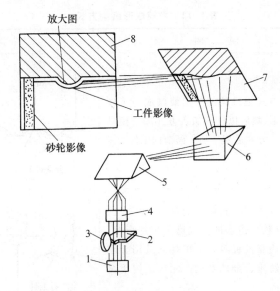

图 1-40　光学曲线磨床的光学放大原理

1—光源；2—工件；3—砂轮；4—物镜；5、6—三棱镜；7—平面镜；8—光屏

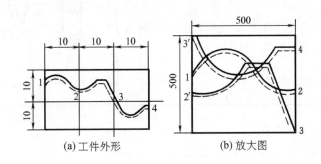

(a) 工件外形　　　(b) 放大图

图 1-41　分段磨削

图 1-41 分段磨削中工件的轮廓是按 10 mm 分段的。这种分段方法比较方便，但在实际应用中，也常有按曲线的几何元素分隔点来分段的，这样可使磨削出的工件轮廓更加光滑准确。

4. 数控成形磨削法

数控成形磨削法可使模具制造的质量、效率和自动化程度大大提高。它可以磨削形状复杂、精度要求高、具有三维型面的非圆形凸模，是模具加工技术的先进方法之一。

数控成形磨床是在平面磨床的基础上发展起来的，其切削运动是工作台作纵、横向往复进给运动，砂轮除了作旋转运动外，还可以作垂直进给运动。其特点是对于砂轮的垂直进给运动和工作台的纵、横向进给运动，采用了数字指令来控制磨削动作。磨削非圆形凸模时，必须先根据图样要求编制出程序，再将程序输入到数控装置内，便可使机器按预定的要求自动实现工件的加工。

在数控成形磨床上进行成形磨削的三种基本方式可参见表 1-12。

表 1-12 数控成形磨削方式

磨削方式	说　明	简　图
横向切入磨削方式	以数控方式把砂轮的外周修整成与工件相似的外形,然后以横向切入方式加工模具和刀具。此方式适用于加工面窄的工件	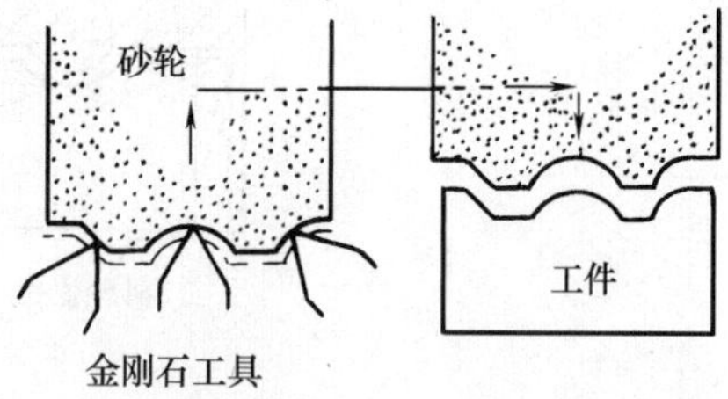
仿形磨削方式	以数控方式把砂轮的外周修整成单一的形状,再以数控仿形的方式磨出工件形状。可用作量块靠模板等长形工件以及用金刚石砂轮对硬质合金的磨削。此法适用于宽面工件	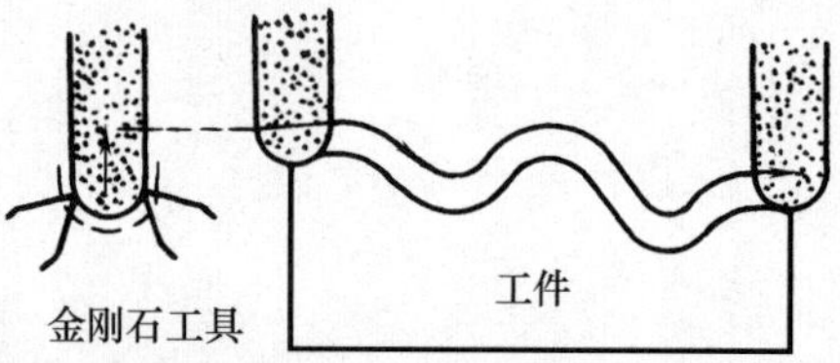
复合磨削方式	综合以上两种方式,用来磨削齿条、齿轮等具有连续的相同形状的工件	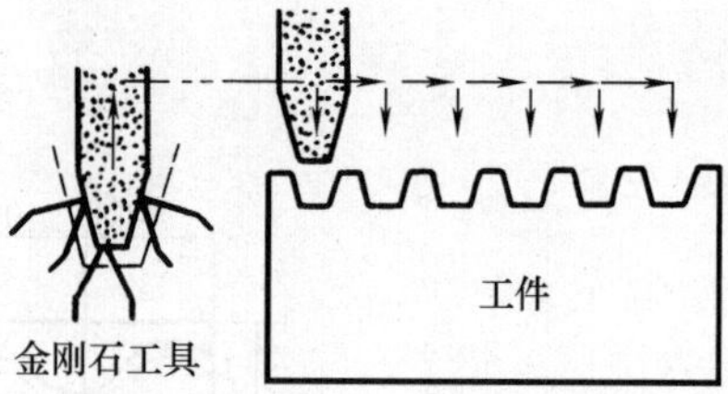

（五）非圆形凸模的加工工艺

非圆形凸模常用的加工方法见表 1-13。

表 1-13 非圆形凸模常用的加工方法

形式	常用加工方法	适用场合
阶梯式	方法一:凹模压印锉修法。车、铣或刨削加工毛坯,磨削安装面和基准面,划线铣轮廓,留 0.2~0.3 mm 单边余量,用凹模(已加工好)压印后锉修轮廓,淬硬后抛光、磨刃口	无间隙冲模,设备条件较差,无成形加工设备
	方法二:仿形刨削加工。粗铣或刨削加工轮廓,留 0.2~0.3 mm 单边余量,用凹模(已加工好)压印后仿形精刨,最后淬火、抛光、磨刃口	一般要求的凸模
直通式	方法一:线切割。粗加工毛坯,磨削安装面和基准面,划线加工安装孔,穿丝孔,淬硬后磨安装面和基准面,线切割成形,抛光、磨刃口	形状较复杂或尺寸较小、精度较高的凸模
	方法二:成形磨削。粗加工毛坯,磨削安装面和基准面,划线加工安装孔,加工轮廓,留 0.2~0.3 mm 单边余量,淬硬后磨安装面,再成形磨削轮廓	形状不太复杂,精度较高的凸模或镶块

第三节　凹模型孔的加工

凹模型孔一般指模具中成形制件内外表面轮廓的通孔。由于成形制件表面轮廓的形状繁多，所以型孔的轮廓也是多种多样的。按形状凹模型孔可分为圆形凹模型孔和异形凹模型孔两类。

一、圆形凹模型孔的加工

（一）单圆形凹模型孔的加工

单圆形凹模型孔的加工比较容易，一般采用钻、扩、镗等加工方法进行粗加工和半精加工，经过热处理后，再在内圆磨床上精加工。

（二）多圆形凹模型孔的加工

多圆形凹模型孔的加工属于孔系加工。加工时，除保证各凹模型孔的尺寸及形状精度外，还要保证各凹模型孔之间的相对位置。多圆形凹模型孔一般采用高精度的坐标镗床和立式铣床进行加工。

1. 用坐标镗床加工

坐标镗床是利用坐标法原理工作的高精度机床，其主要用于孔及孔系工件的精密加工。坐标镗床设有误差补偿功能的精密丝杠、游标精密直尺、光学读数装置等工具，用来控制工作台的移动，其精度可达 0.005 mm。此外还设有精密回转工作台，可加工沿圆周分布的孔系，读数精度可达 1 s。

另外，坐标镗床上的千分表中心校准器、光学中心显微镜、标准校正棒、端面定位工具等附件可供找正工件用；弹簧样冲、精密夹头及镗杆等工具可供装夹刀具用。坐标镗床可进行孔及孔系的钻、锪、铰、镗加工及精铣平面和精密划线、检验等。

（1）镗削前的准备。

① 选择加工工件的工艺基准、工艺基准精度及粗糙度参数（必须符合图样要求）。

② 确定原始点位置。可以选择相互垂直的两基准线（面）的交点（线），也可利用光学显微镜对准模板上的基准轮廓线来确定原始点。还可以用中心找正器找出已加工好的中心作为原始点。

③ 按坐标加工的要求，将零件图原图标注尺寸的形式转换成坐标标注尺寸的形式，如图1-42所示。

④ 工件在加工前应放在恒温室内，以减少工件受环境温度影响而产生变形。

（2）工件定位与找正法。将工件在坐标镗床上正确定位并夹紧，然后对工件找正。找正方法有以下几种：

① 用千分表找正　如图1-43所示，利用千分表的横向或纵向运动，使工件基准面与工作台移动方向平行，并使工件的上平面与机床主轴垂直。

用千分表找正法还可以找正工件基准侧面与主轴轴线重合的位置。找正的过程是将千分表装于主轴上，移动工件被测量侧面并与千分表接触，将工件被测量侧基准面在180°方向上测量两次，读取千分表数值的一半作为移动工件（工作台）的距离。再用上述方法复测一次，如两次读数相等则工件侧基准面与主轴轴线重合。找正后即可固定工件位置。

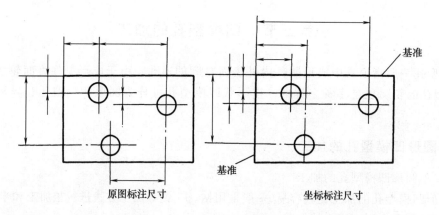

图 1-42　尺寸标注形式转换

② 用开口形端面规找正　如图 1-44 所示,将千分表装在主轴上,永磁性开口形端面规 2 吸在被测工件 1 的侧面,移动工件使千分表测量端面规开口槽面,在 180°方向上读数相等后再移动工件 10 mm,则工件侧基准面与主轴轴心线重合,即完成找正。找正后固定工件。这种方法可以找正工件基准侧面与主轴轴线重合的位置。

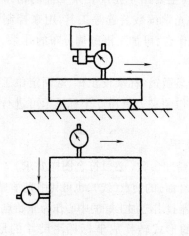

图 1-43　用千分表找正

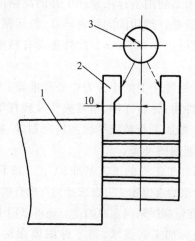

图 1-44　用开口形端面规找正
1—工件;2—开口形端面规;3—千分表

③ 用中心显微镜找正　中心显微镜如图 1-45 所示,将它装在坐标镗床的主轴上,在中心显微镜面上刻有十字中心线和同心圆,移动工件(工作台)使工件的侧基准面或孔的轴心线对正中心显微镜中的十字中心线或同心圆。为了保证位置正确,可在 180°方向上找正,重合后即可固定。这种方法可以找正工件侧基准面或孔的轴心线与主轴中心重合的位置。

④ 用 L 形端面规找正(图 1-46)　当工件侧基准面的垂直度低或工件被测棱边不清晰时,可用 L 形端面规 2 靠在工件 1 的基面上,移动工件使 L 形端面规标线对准中心显微镜的十字中心线,即表示工件基准面与主轴中心线重合。找正后工件即可固定。

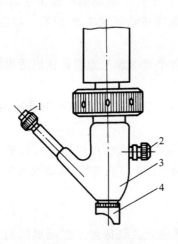

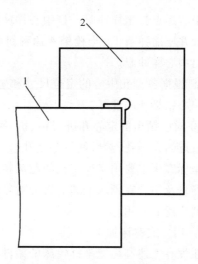

图 1-45 中心显微镜

1—目镜；2—螺纹照明灯；3—镜体；4—物镜

图 1-46 用 L 形端面规找正

1—工件；2—L 形端面规

⑤ 用芯棒和量块找正 图 1-47 为用芯棒和量块找正主轴中心与工件端面的位置的方法。

（3）坐标镗削加工。在工件定位夹紧结束并作好镗削准备的基础上，可按下述步骤进行镗削加工：

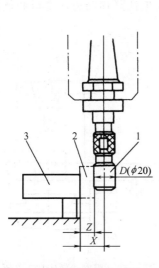

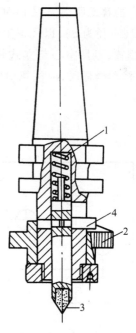

图 1-47 用芯棒量块找正

1—芯棒；2—量块；3—工件

图 1-48 弹簧样冲器

1—弹簧；2—手轮；3—顶尖；4—栓销

① 根据已换算的坐标尺寸移动工作台，在坐标镗床主轴内安装弹簧样冲器（图 1-48），在各

型孔中心逐点打出样冲眼。打中心样冲眼时转动手轮 2,手轮上的斜面将栓销 4 向上推,顶尖 3 被提升并压缩弹簧 1。当栓销 4 达到斜面最高位置时继续转动手轮 2,则弹簧 1 将顶尖 3 弹下,即打出中心样冲眼。

② 根据各型孔中心的定位尺寸和坐标换算值,对各个要求加工的型孔钻出适当大小的定心孔。中心钻必须刚性好,刃磨正确。

③ 对已钻出的定心孔进行钻、扩、铰、镗等孔系加工。为防止切削热影响孔距精度,应先钻孔距较近的大型孔,然后钻铰小型孔。

坐标镗床主要用来加工孔间距离精度要求较高的孔系型孔,也可以用于对已加工的零件孔进行测量及用装在镗床上的立铣刀对复杂的型腔进行加工,在多孔冲模、级进模及塑料模的制造中得到广泛的应用。

2. 用立式铣床加工

在没有上述高精度坐标镗床的条件下,也可采用普通立式铣床加工多圆形凹模型孔。加工时,在铣床工作台的纵横移动方向上安装量块和百分表测量装置,按坐标法进行多圆形凹模型孔的加工,以保证各型孔中心距要求。图 1-49 中的零件上有三个圆形凹模型孔。用坐标法的加工步骤是:先加工型孔 1 后,将工作台横向移动 M 距离,纵向移动 N 距离后再加工型孔 2。然后用同样的方法可加工型孔 3。

采用这种方法的加工特点是:将各型孔间的尺寸转化为直角坐标上的尺寸进行加工。为了提高型孔的加工位置精度,可在立式铣床的纵横滑板上装上千分表、量块等测量装置,用以准确地控制工作台的移动距离。图 1-50 为立式铣床加工孔系的示例。加工前,在铣床主轴孔中装一根检验棒 2(直径为 d),以找正工件相对于立式铣床主轴的中心位置。工作台沿纵向、横向移动找正工件位置,刀具中心与立式铣床主轴同轴,然后按坐标依次加工各孔,其加工精度可达 ± 0.01 mm。移动坐标时,应注意沿同一方向顺次移动,避免往复移动造成螺母和丝杠间隙出现较大误差。

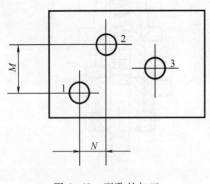

图 1-49 型孔的加工

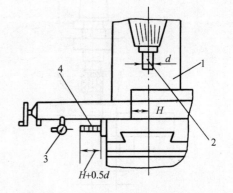

图 1-50 用立式铣床加工孔系
1—立铣床;2—检验棒;3—千分表;4—量块组

3. 用坐标磨床加工

用坐标磨床加工和用坐标镗床加工的有关工艺步骤类似,也是按准确的坐标位置来保证加工孔中心距尺寸的精度要求,只是将镗刀改为砂轮。用坐标磨床加工是一种高精度的加工工艺方法。加工时,将工件固定在精密的工作台上,并使工作台移动(或转动)到孔的坐标位置,在高速磨头的旋转、行星运动(砂轮回转轴线的圆周运动)及上下往复运动下进行磨削,如图1-51所示。用坐标磨床可以进行规则或不规则的内孔与外形磨削(如带锥孔和斜面等)。根据所用磨床不同,目前坐标磨床加工主要有手动坐标磨削加工和连续轨迹数控坐标磨削加工。

手动坐标磨削加工是在手动坐标磨床上用点位进给法实现其对工件轮廓的加工。

连续轨迹数控坐标磨削加工是在连续轨迹坐标磨床上用计算机自动控制实现其对工件型面的加工。

(1)坐标磨削的方法。

① 内孔磨削 利用砂轮的高速自转、行星运动和轴向的直线往复运动,完成内孔磨削,如图1-52所示。

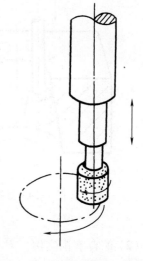

图 1-51 砂轮的三种基本运动

② 外圆磨削 外圆磨削也是利用砂轮的高速自转、行星运动和轴向直线往复运动实现的(图1-53),其径向进给是利用行星运动直径的缩小完成的。

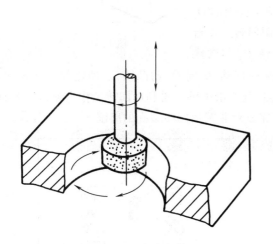

图 1-52 内孔磨削

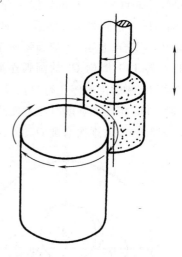

图 1-53 外圆磨削

③ 锥孔磨削 磨削锥孔是用磨床上的专门机构,使砂轮在轴向进给的同时连续改变行星运动半径,如图1-54所示。锥孔的锥顶角大小取决于两者的变化比值,一般磨削锥孔的最大锥顶角为12°。

④ 平面磨削 磨削平面时,砂轮仅高速自转而不作行星运动,用工作台的移动实现进给运动,如图1-55所示。平面磨削适用于平面轮廓的精密加工。

⑤ 侧磨 侧磨是用专门的磨槽附件对槽形、方形及带清角的内表面进行磨削加工。砂轮在磨槽附件上的装夹和运动情况如图1-56所示。

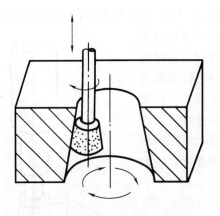

图 1-54　锥孔磨削

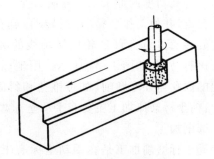

图 1-55　平面磨削

（2）综合磨削实例。对一些形状复杂的型孔,可用以上五种基本磨削方法综合进行磨削加工。

① 圆角型孔的磨削　图 1-57 所示为磨削圆角、型孔。在磨削时,先将回转工作台固定在磨床工作台上,用回转工作台装夹工件。找正工件对称中心与回转台中心重合后,经调整使磨床主轴线和孔 O_1 的轴线重合,用磨削内孔的方法磨出 O_1 的圆弧段。达到要求尺寸后,再调整工作台使工件上的 O_2 与主轴中心重合,磨削 O_2 的圆弧段至尺寸。利用回转工作台将工件回转 $180°$ 磨削 O_3 的圆弧至要求尺寸。使 O_4 与磨床

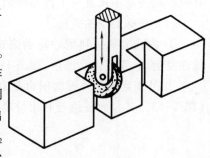

图 1-56　侧磨

主轴轴线重合,磨削时停止行星运动,操纵磨头来回摆动,磨削 O_4 的凸圆弧,砂轮的径向运动方向与磨削外圆相同。磨削时注意使凸、凹圆弧连接处光滑平整。再利用回转工作台换位,和与磨削 O_4 一样的方法,逐次磨削 O_5、O_6、O_7 圆弧,即完成对非圆形凹模型孔的磨削。

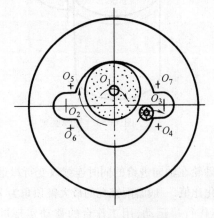

图 1-57　圆角型孔磨削

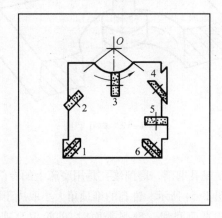

图 1-58　清角型孔磨削

② 清角型孔的磨削　图 1-58 是利用磨槽附件对清角型孔轮廓进行的磨削加工。磨削中

1、4、6 是采用成形砂轮进行磨削,2、3、5 是利用平砂轮进行磨削。在中心 O 的圆弧磨削时,要使中心 O 与主轴轴线重合,操纵磨头来回摆动磨削至要求尺寸的圆弧。

（3）坐标磨床的磨削工艺方法。用手动坐标磨床与数控连续轨迹坐标磨床对同一工件进行磨削,其工艺方法相比见表 1-14。

表 1-14　坐标磨床磨削工艺方法

简　图	工艺方法	说　明
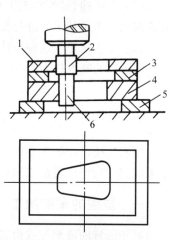	手动	1. 需附加回转工作台及坐标工作台 2. 加工时,圆弧中心 R_1、R_2、R_3 需分别调整到与回转工作台圆心重合 3. 计算 α、β、γ 角度值 4. 先按图示的内孔磨削法磨削 D_1、D_2 5. 以孔 D_1、D_2 为基准,磨削 R_1、R_2、R_3 使各圆弧圆滑相接
	数控	1. 根据计算机专用代码编制凸轮轨迹程序 2. 使用行程 120 次/min 的快速插磨法磨削内孔及外轮廓 3. 从 A 点引进,按编制程序数控连续轨迹磨削 4. 不用任何附件,磨削的表面粗糙度值小、精度高,提高效率 2~10 倍

二、异形凹模型孔的加工

异形凹模及模具中的套、固定板、推板等零件上,常需加工有各种矩形与异形型孔,并要求保证尺寸精度及几何公差。常用的加工方法有以下几种:

（一）铣削加工

图 1-59 所示是在立式铣床上使用简单靠模装置精加工异形凹模型孔的实例。精加工前应先进行粗加工。将样板 1、垫板 3、5 和异形凹模 4 一起紧固在铣床工作台上。在铣刀 6 的刀柄上装有一个钢制的已淬硬的滚轮 2,加工异形凹模型孔时,用手操纵铣床台面的纵向和横向移动,使滚轮始终与样板接触并沿着样板的轮廓运动,便能加工出异形凹模型孔。

利用靠模装置加工时,铣刀的半径应小于异形凹模型孔转角处的圆角半径,这样才能加工出整个轮廓。铣削完毕后还要由钳工锉出型孔的斜度。

（二）插床加工

插床适用于加工尺寸较大且直壁或斜壁较深的型孔、直线段及圆弧组成的型孔及有尖角的型孔等,但不宜加工有小圆角的型孔。图 1-60 是已加工好的非圆形凹模型孔的示例。由于四边都

图 1-59　成形铣削

1—样板;2—滚轮;3、5—垫板;
4—异形凹模;6—铣刀

有斜度,四角均为两个斜面相交,为保证四角的加工质量,可采用四角钻孔的结构以简化加工(图 1-60a)。如四角必须为斜面,可按图 1-60b 所示方法将工件用斜度垫块垫起,使其中一斜面与工作台垂直,另一斜面与工作台成 α_1 角度。当加工 A 面时,插床可作直面加工。加工 B 面时,插床滑枕倾斜 α_1 角即可加工出理想角度。α_1 值可用 $\tan\alpha_1 = b/H_1 = \sin\alpha$ 的关系式计算。

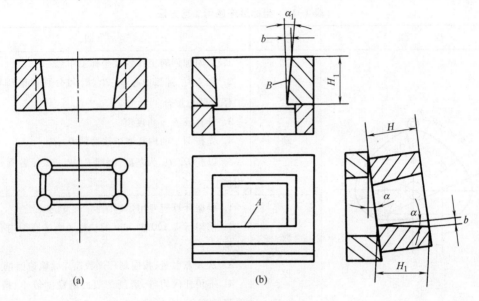

图 1-60 非圆形凹模型孔的加工工序

（三）钳工修正加工

钳工修正加工异形凹模型孔是不可缺少的工序,一般异形凹模型孔经铣削加工后均需由钳工修正、修光,有些机床无法加工的部分也常需进行钳工加工。常用的钳工修正方法有:

（1）利用锉、錾等钳工工具进行手工加工。为了减轻劳动强度、提高效率及质量,也常采用电动或风动等手持工具进行操作。

（2）压印修正。这种方法的操作原理与凸模的压印加工方法类似,区别仅在于异形凹模型孔压印采用的基准件为凸模。这种方法适用于凹模型孔的热处理变形比凸模小的场合。

第四节 型腔加工

型腔是模具中的重要成形零件,其主要作用是成形制件中的外形表面。由于制件的形状、大小不同,所以,型腔需加工出各种复杂形状的内成形表面,其工艺过程复杂,制造的难度较大。

一、型腔的车削加工

对于回转曲面型腔或内表面中部分为回转曲面的型腔,应用最普遍的加工方法是车削加工。

（一）车削的专用工具

1. 球面车削工具

型腔中为球形的内表面,可以用图 1-61 所示的球面车削工具进行车削。图 1-61 中固定板

2 和车床导轨固定连接。连杆 1 的长度是可以调节的,它一端与固定板销轴铰接,另一端与调节板 3 销轴铰接,调节板 3 用制动螺钉紧固在中滑板上,当中滑板横向自动进刀时,由于连杆 1 的作用,使床鞍作相应的纵向移动。而连杆绕固定板销轴回转,使刀尖作圆弧运动。车削成的凹形球面半径的大小由连杆调节长短决定。

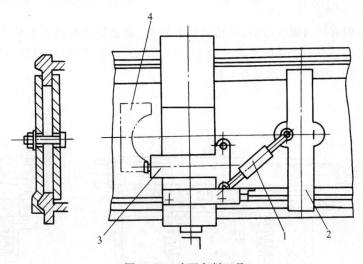

图 1-61 球面车削工具

1—连杆;2—固定板;3—调节板;4—型腔

2. 曲面车削工具

对特殊曲面的型腔表面可用靠模装置车削加工。靠模的种类较多,图 1-62 所示为一种将

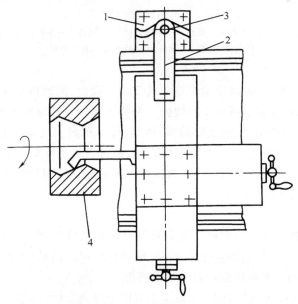

图 1-62 曲面车削工具

1—靠模;2—连接板;3—滚子;4—工件

靠模安装在车床导轨后面的车削工具。靠模 1 上有曲线沟槽,槽的形状、尺寸与型腔表面的母线形状、尺寸相同。连接板 2 安装在机床的中滑板上,滚子 3 安装在连接板的端部并正确地与靠模沟槽配合(同时将中滑板丝杆抽掉)。车削时,床鞍纵向移动,中滑板和车刀随靠模横向移动,即可车削出与曲线沟槽完全相同的型腔表面。

3. 盲孔内螺纹自动退刀工具

塑料模中的型腔有的为螺纹型腔,其精度要求较高,表面粗糙度值要求较小,螺纹的退刀部分的表面质量和长度也有较严格的要求。为了保证型腔的加工质量,对型腔中的螺纹部分可采用图 1-63 所示的盲孔内螺纹自动退刀工具。

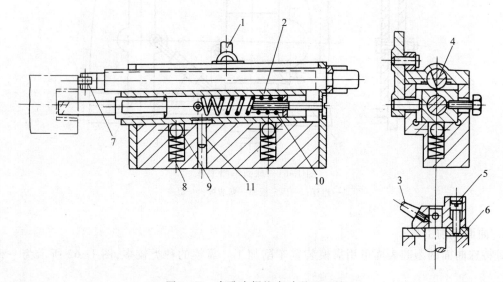

图 1-63 盲孔内螺纹自动退刀工具

1、3—手柄;2—滑块;4—半圆轴;5、11—销钉;6—盖板;
7—滚动轴承;8—弹簧;9—滚珠;10—拉力弹簧

使用时,工具装在刀架上,扳动手柄 1 将滑块 2 向左拉出,同时扳动手柄 3 使半圆轴 4 转动将滑块 2 下压(此时销钉 11 位于滑块 2 的槽内),并将半圆轴在轴向推进使销钉 5 插入盖板 6 的孔内。调节好刀头与半圆轴端部(装滚动轴承)距离,即可车削。当加工至接近要求的螺纹深度时,滚动轴承 7 撞在工件端面上,并将半圆轴向右推,销钉 5 从盖板 6 的孔中弹出,在弹簧 8 的作用下通过滚珠 9 将滑块 2 推出,半圆轴的平面转为水平状态。此时销钉 11 与滑块 2 的槽脱离,并在拉力弹簧 10 的作用下将滑块 2 向右拉回,完成了一次退刀。

4. 定程挡块

图 1-64 所示为对拼式压缩模型腔。为了控制在型腔长度上每一个尺寸 L 的大小,无论在粗车或精车时都要控制在滑板的纵向位置上,以保证长度尺寸的精度,便于测量及减少辅助时间。车削时常采用图 1-65 中的转盘式多位定程挡块。

车削时,挡块 1 固定在车床导轨上,圆盘 2 上有四个可调节螺钉,可以在套筒 3 上分度转动,将其装夹在床鞍左侧,以控制滑板四个纵向尺寸。此类工具有多种形式,可根据具体情况进行制造。

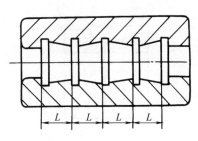

图 1-64 对拼式压缩模型腔

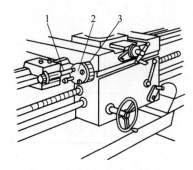

图 1-65 长度尺寸控制工具
（转盘式多位定程挡块）
1—挡块；2—圆盘；3—套筒

（二）型腔车削实例

图 1-66 所示为对拼式塑压型腔，根据图样要求，可应用成形样板车刀进行车削加工型腔的曲面。其车削工艺如下：

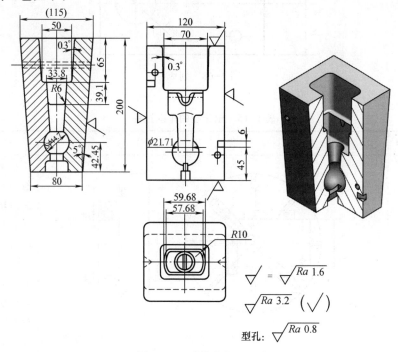

图 1-66 对拼式塑压型腔

（1）将坯料加工为平行六面体，斜面暂不加工。

（2）在拼块上加工出导钉孔和工艺螺孔，如图 1-67 所示。

（3）将分型面磨平，将两拼块用夹板固定，配加工导钉孔，装上导钉，如图 1-67 所示。

（4）将两拼块拼合后磨平四个侧面及一端面，保证垂直度，要求两拼块厚度保持一致。

（5）在分型面上以球心为圆心，以 44.7 mm 为直径划线，保证 $H_1 = H_2$，如图 1-68 所示。

塑压模的车削过程见表 1-15。

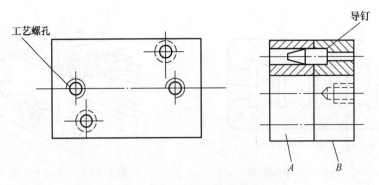

图 1-67　拼块上工艺螺孔和导钉孔

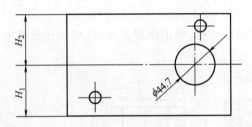

图 1-68　划线

表 1-15　塑压模的车削过程

顺序	工艺内容	简　图	说　明
1	装夹		1. 将工件压在花盘上，按 ϕ44.7 mm 的线找正后，再用百分表检查两侧面使 H_1、H_2 保持一致 2. 靠紧工件的一对垂直面压上两块定位块，以备车另一件时定位
2	车球面		1. 粗车球面 2. 使用弹簧刀杆和成形车刀精车球面

顺序	工艺内容	简 图	说 明
3	装夹工件		1. 用花盘和角铁装夹工件 2. 用百分表按外形找正工件后将工件和角铁压紧(在工件与花盘之间垫一薄纸的作用是便于卸开拼块)
4	车锥孔		1. 钻、镗孔至 $\phi21.71$ mm(松开压板卸下拼块 B 检查尺寸) 2. 车削锥度(同样卸下拼块 B 观察及检查)

二、型腔的铣削加工

对于非回转曲面型腔,如塑料压缩模、注射模、压铸模、锻模等各种型腔,应用较多的是铣削加工。铣削型腔的表面粗糙度值 Ra 为 $12.5 \sim 0.4$ μm,精度为 IT10 ~ IT8,常留有 $0.05 \sim 0.1$ mm 的修光余量,供修磨及抛光用。

(一)普通铣床的加工

普通铣床主要用于加工中小型模具的非回转曲面的型腔,使用最广的是立式铣床、万能工具铣床。在加工时一般采用手动操作,劳动强度大,对工人的操作技能要求较高,常有回转工作台加工法和坐标加工法。

1. 回转工作台加工法

回转工作台是铣床的重要附件(图 1-69),主要用于圆弧面的加工。在安装工件时需将回转工作台中心与加工的圆弧中心重合,并根据工件形状来确定铣床主轴是否与回转工作台中心重合。利用圆形回转工作台进行立铣加工圆弧面的方式见表 1-16。

图 1-69　圆形回转工作台

表 1-16　利用圆形回转工作台进行立铣加工圆弧面的方式

方式	简　图	说　明
主轴中心不需对准圆形回转工作台中心	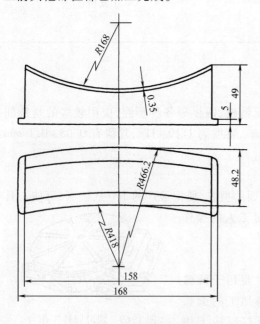	将工件 R 圆弧中心与圆形回转工作台中心重合，转动圆形回转工作台，用立铣刀加工 R 圆弧侧面。由于任意转动圆形回转工作台铣刀都不致切入非加工部位，因此主轴中心不需对准圆形回转工作台中心
主轴中心需对准圆形回转工作台中心		先使主轴中心对准圆形回转工作台中心，然后安装工件，使 R 圆弧中心与圆形回转工作台中心重合 移动工作台（移动距离为 R）转动圆形回转工作台进行加工，控制圆形回转工作台回转角度

　　利用圆形回转工作台并配备一些工具还可以加工特殊型面。图 1-70 所示为压缩模的型腔镶件。用图 1-71 所示的方法加工 0.35 mm 深台肩圆弧面，台肩在两个方向都是圆弧。立铣加工前其他部位都已加工完成。

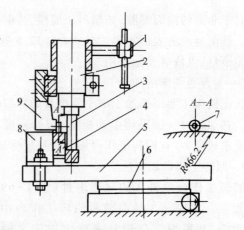

图 1-70　压缩模型腔镶件

图 1-71　利用圆形回转工作台进行仿形立铣加工
1—手柄；2—主轴；3—铣刀；4—工件；
5—托板；6—圆形回转工作台；7—压轮；8、9—支架

在立铣工作台上安装圆形回转工作台 6,圆形回转工作台上固定托板 5 及支架 8,工件 4 紧固在支架 8 上,调整托板 5 的位置使工件的 $R168$ 圆弧面与圆形回转工作台中心距离为168 mm。压轮 7 通过支架 9 固定在主轴上,并调整支架 9,使压轮与铣刀保持正确的相对位置。

加工时,转动手柄 1 将压轮 7 紧压在 $R466.2$ 的工件基准面上,同时转动圆形回转工作台加工出具有两个方向圆弧的型面。

2. 坐标加工法

对于不规则型面及不能直接用回转工作台加工的圆弧面,可以采取控制工作台的纵横向移动及主轴头的升降进行立铣加工。

由于图1-72所示的复杂型腔有凸起的肋存在,因此在加工时必须同时控制立铣刀在纵横

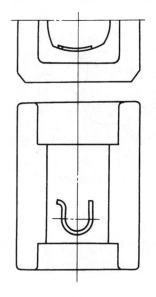

图 1-72 立铣加工的复杂型腔

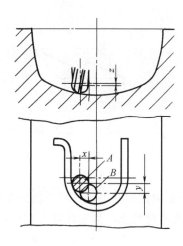

图 1-73 立铣刀尺寸控制

方向的位置和立铣刀的高度位置。如图 1-73 所示,当立铣刀由位置 A 移动到位置 B 时,工件在纵横方向移动距离为 x 和 y,立铣刀在轴向则作距离为 z 的移动。

(二)数控机床加工

1. 数控铣床

数控铣床(图 1-74)以数字和文字编码方式输入控制指令,经过计算机处理和计算,即可对铣床动作顺序、位移量以及主轴转速、进给速度等实现自动控制,从而完成对模具型腔的铣削加工。

(1)数控铣床加工的优点。

① 加工精度高。尺寸精度可达 0.01 ~ 0.02 mm,且工件的形状越复杂就越能显示其优越性。

② 在加工相同型腔时采用同一程序,可保证各型腔形状尺寸的准确性。

图 1-74

③ 通过数控指令可实现加工过程自动化,减少停机时间,使加工的生产效率提高。

④ 除手工装夹毛坯和刀具外,全部加工过程都由数控铣床自动完成,自动化程度高。

⑤ 适应性强,生产周期短,可省去靠模、样板等工具。

⑥ 便于建立计算机辅助设计(CAD)和计算机辅助制造(CAM)一体化。

(2)加工三维形状的控制方式。

① 二又二分之一轴控制　这种方式是控制 X、Y 两轴进行平面加工,高度(Z)方向只移动一定数量作等高线状加工,如图 1-75a 所示。

② 三轴控制　同时控制 X、Y、Z 三个方向的运动进行轮廓加工,如图 1-75b 所示。

③ 五轴控制　除控制 X、Y、Z 三个方向的运动外,铣刀轴还作两个方向的旋转,如图1-75c所示。

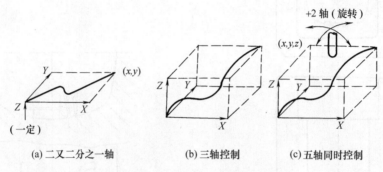

(a) 二又二分之一轴　　　(b) 三轴控制　　　(c) 五轴同时控制

图 1-75　加工三维形状的控制方式

由于五轴控制铣刀可作两个方向的旋转,在加工过程中可使铣刀轴线常与加工表面成垂直状态,因此不仅可提高加工精度,而且还可对加工表面的凹入部分进行加工(图 1-76)。

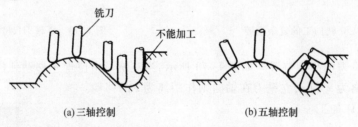

(a)三轴控制　　　　　　(b)五轴控制

图 1-76　三轴控制与五轴控制比较

(3)数控铣削的加工步骤。

① 加工前的准备工作　为了有效地利用数控铣床,模具型腔的粗加工应尽可能在普通铣床上进行。一般型面留 1~2 mm 数控铣削余量。

② 工件的定位与装夹　按程序要求将工件在铣床上定位装夹,以确定工件在铣床坐标系的位置。

③ 确定程序原点　对工件进行 X、Y 方向对刀,以确定铣床主轴中心线相对于工件的位置。将刀具安装在铣床主轴上,用对刀块确定刀位点在 Z 轴方向的位置,使之符合加工程序的要求。

④ 铣床的其他调整　检查主轴和导轨润滑,设定刀具半径补偿值。

⑤ 试运转。

⑥ 切削加工 上述工作完成后,即可起动铣床进行自动加工。

2. 加工中心

在模具制造业中,基本采用数控加工中心(图 1-77)。加工中心具有快速换刀功能,能进行铣、钻、镗、攻螺纹等加工,一次装夹工件后能自动地完成工件的大部或全部加工。

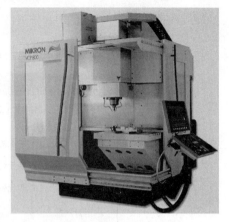

使用加工中心加工型腔或其他零件,只要有自动编程装置和 CAD/CAM 提供的三维形状信息,即可进行三维形状的加工。从粗加工到精加工都可进行预定刀具和切削条件的选择,因而使加工过程可连续进行。

使用加工中心加工模具可使自动化程度大大提高。例如:其可在同一零件上加工不同尺寸和精度要求的圆孔,对结构复杂的模具所加工的孔的数量可达数十个甚至上万个。

图 1-77

3. 数控加工中心举例(用 CAXA 制造工程师软件铣削飞机模型的凸模)

(1)调用飞机模型文件 进入 CAXA 软件绘图环境,使用 CAXA 软件自带范例中的飞机造型,只需将造型导入即可,如图 1-78、图 1-79 所示。此飞机造型在有图纸的前提下也可用 CAXA 软件画出。这里不详述飞机造型过程。

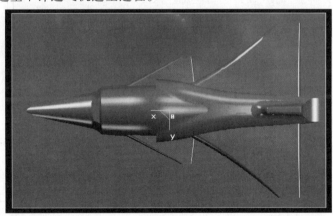

图 1-78

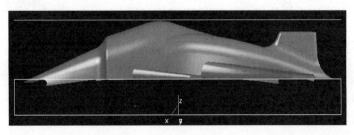

图 1-79

点击工具条上"打开文件"命令,在文件夹 CAXA 制造工程师 xp\Samples 中找到飞机模型.mxe文件,选中并打开。

(2)生成加工刀路。

① 生成粗加工轨迹:

单击"应用"—"轨迹生成"—"等高粗加工",弹出如图 1-80 所示对话框。

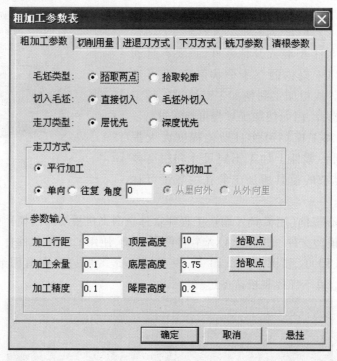

图 1-80

其中重要参数设定:

a. 粗加工参数:走刀方式选择环切加工;通过"查询"命令查询,如图 1-81 所示。

查询结果如下:

顶层高度:零件加工时的起始高度,为 40 mm(图 1-82)。

底层高度:零件加工时,所要加工到的 Z 坐标值,为 15mm(图 1-83)。

加工行距:刀具半径的一半。

降层高度:对于 SKY 系统数控雕铣机机床来说,降层高度控制在 0.2~0.3 mm 之间。

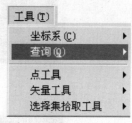

图 1-81

b. 切削用量,如图 1-84 所示。

c. SKDX5060 型高速数控雕铣机最大主轴转速为 18 000 r/min。

d. 飞机模型的粗加工主轴转速设定为 7 000 r/min 左右。

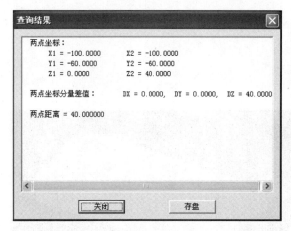

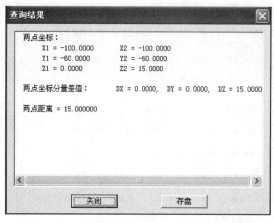

图 1-82   图 1-83

　　e. 飞机模型的切削速度设为 2 000 mm/min。

　　重点参数设定好之后点击"确定"按钮,根据提示选择"拾取轮廓"—"拾取曲面",完成后,单击鼠标右键,生成粗加工轨迹,如图 1-85 所示。

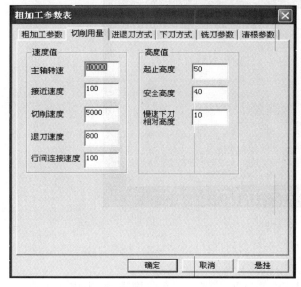

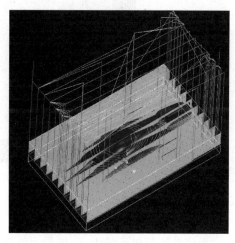

图 1-84   图 1-85

　　② 生成精加工轨迹

　　单击"应用"—"轨迹生成"—"曲面区域加工参数表"结果如图 1-86 所示。

　　参数设定中,SKDX5060 型高速数控雕铣机最好采用走刀方式为往复 45°平行加工。其余参数这里就不一一详述了,有兴趣的朋友可以自行钻研。参数设定好以后,点击"确定"按钮,根据提示"拾取曲面",单击鼠标右键,生成精加工轨迹,如图 1-87 所示。

　　CAXA 软件可以模拟实际加工的效果,单击"应用"—"轨迹仿真",选择要仿真的轨迹,单击鼠标右键即可。模拟仿真后的效果图如图 1-88 所示。

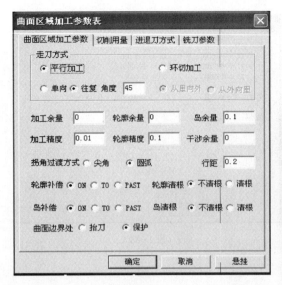

图 1-86

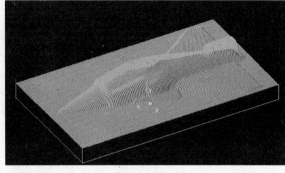

图 1-87

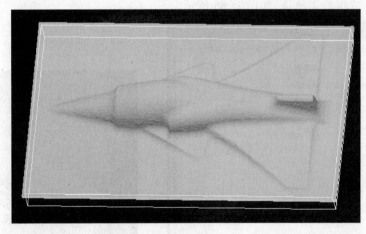

图 1-88

4. 生成加工 G 代码

程序是数控机床的语言,被誉为数控机床的"灵魂"。因此,所有绘图造型、生成加工轨迹等操作都是为后置处理生成程序做准备的。生成加工 G 代码的操作过程为:单击"应用"—"后置处理"—"生成 G 代码",根据提示"拾取加工轨迹",拾取粗加工轨迹,单击右键,弹出保存对话框,把程序保存。同理,精加工轨迹生成 G 代码过程与上述过程相同。

将生成的程序传输或拷贝至机床,装夹工件,对刀完成后即可进行加工。

三、型腔的机械抛光

为了去除模具型腔(型芯)表面切削加工痕迹的加工方法称为抛光。抛光在型腔加工中所占工时的比重很大,复杂形状的塑料模型腔的抛光工时可占 45%。抛光不仅能提高制件尺寸精度及表面质量,还可提高模具寿命。

（一）抛光工具

1. 圆盘式磨光机

圆盘磨光机（图1-89）是一种常见的电动抛光工具,可用手握住圆盘式磨光机对一些大型模具去除仿形加工后的走刀痕迹及倒角。这种方法抛光精度不高,抛光程度接近粗磨。

2. 电动抛光机

这种抛光机主要由电动机、传动软轴及手持式研抛头组成。使用时传动电动机挂在悬架上,电动机起动后,通过软轴传动手持研抛头产生旋转或往复运动。常见的研抛头有以下三种:

（1）手持往复式研抛头（图1-90）　这种研抛头在工作时,一端连接软轴,另一端安装研具或油石、锉刀等。在软轴传动下研抛头产生往复运动（最大行程为 20 mm,往复频率最高可达5 000 次/min）,可适应不同的加工需要。研抛头工作端还可按加工需要,在270°范围内调整。这种研抛头装上球头杆,配上圆形或方形铜（塑料）环作研具,手持研抛头沿研磨表面不停地均匀移动,可对某些小曲面或复杂形状的表面进行研磨。研磨时常采用金刚石研磨膏作研磨剂。

图 1-89　圆盘式磨光机

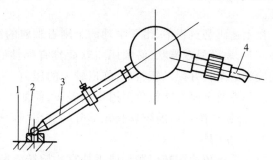

图 1-90　手持往复式研抛头的应用
1—工件;2—研磨环;3—球头杆;4—软轴

（2）手持直式旋转研抛头　这种研抛头可装夹 $\phi2\sim\phi12$ 的金刚石砂轮,在软轴传动下作高速旋转运动,加工时就像握笔一样握住研抛头进行操作,可对型腔的细小部位进行精加工,如图1-91所示。取下特形砂轮、装上打光球用轴套,用塑料研磨套可研抛圆弧部位。装上各种尺寸的羊毛毡抛光头,可进行抛光。

（3）手持角式旋转研抛头　与手持直式旋转研抛头相比,这种研抛头的砂轮回转轴与研抛头的直柄部位成一定夹角,便于对型腔的凹入部分进行加工。其与相应的抛光及研磨工具配合,可进行相应的研磨和抛光。

（二）研磨抛光工艺

1. 准备工序

① 对于加工面为大平面或曲率较大的规则面,可使用手持角式旋转研抛头并配用金刚石环。金刚石环的大小应根据加工表面的尺寸和形状选择。操作时采用高转速,稍施压力,并使金刚石环在整个表面内不停地均匀移动。

图 1-91　用直式
研抛头进行加工

② 对于形状复杂的加工面,可采用手持往复式研抛头装夹金刚石锉刀或采用手持直式旋转研抛头装夹砂轮(砂轮在使用前应先在金刚石锉刀上整修成同轴)进行修磨,然后用手持往复式研抛头装夹油石(使用油石应先粗后细)修磨。用油石研磨时应稍加压力并作纵横交错快速动作。最佳行程一般为 3 mm,速度为 5 000 次/min。

2. 研磨工序

① 加工面为平面或曲率较大的规则面时,最有效的研磨方法是采用手持角式旋转研抛头并配用铜环,以金刚石研磨膏为研磨剂。

② 对小曲面或形状复杂的加工面,采用手持往复式研抛头并配用铜环,以金刚石研磨膏为研磨剂。

③ 研磨操作注意事项。

a. 金刚石研磨膏的涂布不宜太多,以 12~20 mm 的间隙散布在研磨表面上。

b. 必须添加研磨液。

c. 使用金刚石研磨膏也应由粗到细,在每次改变不同粒度的研磨膏时,必须清洗工件与工具。

在上述研磨过程中,由于滚动的金刚石颗粒的冲击,使研磨表面上峰部崩离表面,形成较小的峰和谷,表面呈现雾状,必须用质软而具有弹性的工具(如木材或塑料)将其压平。使用手持角式旋转研抛头并配以塑料环,施以较大的压力于表面,可使金刚石颗粒嵌入塑料环表面,利用塑料的弹性及金刚石颗粒负角刃切削表面,使加工表面更为平坦并产生光泽。这一工序时间不宜太长,因钢材组织中的较软晶粒部分易被切削而形成所谓橘皮表面。

3. 抛光工序

使用手持角式旋转研抛头或手持直式旋转研抛头并配用羊毛毡或布质抛轮,对加工表面进行抛光。抛光工序应尽可能在最短时间内完成,否则由于金属组织中有非金属不纯物存在以及金属组织的不均匀性,将会引起抛光面的橘皮现象。

第五节　模具工作零件的工艺路线

模具种类繁多,其工作零件的工作条件、使用要求各不相同,加工要求也不完全一样,因此应在符合工厂实际情况的条件下,保证以最经济的生产方式,拟定出符合质量要求的模具工作零件的工艺路线。

一、工艺路线拟定的主要内容

(1) 选择符合零件图样要求的毛坯材料。毛坯形状应与零件形状相似,其尺寸应根据加工余量,毛坯表面质量、精度,加工时的装夹量以及一件毛坯需要加工出的零件数量等进行计算,并在保证零件加工质量的前提下尽可能选用最小的毛坯尺寸。

(2) 选择加工方法及顺序。根据加工表面尺寸精度、表面粗糙度要求、工件材料性质、生产效率、经济性要求、工厂现有设备情况及现有生产技术条件,按表1-17、表1-18、表1-19进行机械加工方法及顺序选择加工工艺方案,并选择适当的热处理及辅助工序。

表 1-17　外圆表面加工方案

序号	加 工 方 案	公差等级	表面粗糙度值 $Ra/\mu m$	适用范围
1	粗车	IT11 以下	50~12.5	适用于淬火钢以外的各种金属
2	粗车→半精车	IT10、IT9	6.3~3.2	
3	粗车→半精车→精车	IT10、IT9	1.6~0.8	
4	粗车→半精车→精车→滚压（或抛光）	IT10~IT8	0.2~0.025	
5	粗车→半精车→磨削	IT8、IT7	0.4~0.8	主要用于淬火钢，也可用于未淬火钢。但不宜加工有色金属
6	粗车→半精车→粗磨→精磨	IT7、IT6	0.8~0.1	
7	粗车→半精车→粗磨→精磨—超精加工（或轮式超精磨）	IT5	<0.1	
8	粗车→半精车→精车→金刚石车	IT7、IT6	0.4~0.025	主要用于有色金属加工
9	粗车→半精车→粗磨→精磨→超精磨或镜面磨	IT5 以上	<0.025	极高精度的外圆加工

表 1-18　孔加工方案

序号	加 工 方 案	公差等级	表面粗糙度值 $Ra/\mu m$	适用范围
1	钻削	IT12、IT11	12.5	加工未淬火钢及铸铁，也可用于加工有色金属
2	钻削→铰削	IT9	3.2~1.6	
3	钻削→铰削→精铰	IT8、IT7	1.6~0.8	
4	钻削→扩孔	IT11~10	12.5~6.3	同上，孔径可小于 15~20 mm
5	钻削→扩孔→铰削	IT9、IT8	3.2~1.6	
6	钻削→扩孔→粗铰→精铰	IT7	1.6~0.8	
7	钻削→扩孔→机铰→手铰	IT7、IT6	0.4~0.1	
8	钻削→扩孔→拉削	IT9~IT7	1.6~0.1	大批大量生产（精度由拉刀的精度而定）
9	粗镗（或扩孔）	IT12、IT11	12.5~6.3	除淬火钢以外的各种材料，毛坯有铸出孔或锻出孔
10	粗镗（粗扩）→半精镗（精扩）	IT9、IT8	3.2~1.6	
11	粗镗（扩孔）→半精镗（精扩）→精镗（铰）	IT8、IT7	1.6~0.8	
12	粗镗（扩孔）→半精镗（精扩）→精镗→浮动镗刀精镗	IT7、IT6	0.8~0.4	
13	粗镗（扩孔）→半精镗磨孔	IT8、IT7	0.8~0.2	主要用于淬火钢，也可用于未淬火钢，但不宜用于有色金属
14	粗镗（扩孔）→半精镗→精镗→金刚镗	IT7、IT6	0.2~0.1	

序号	加工方案	公差等级	表面粗糙度值 $Ra/\mu m$	适用范围
15	粗镗→半精镗→精镗→金刚镗	IT7、IT6	0.4~0.05	主要用于精度高的有色金属,用于精度要求很高的孔
16	钻削→(扩孔)→粗铰→精铰→珩磨钻→(扩孔)→拉削→珩磨粗镗→半精镗→精镗→珩磨	IT7、IT6	0.2~0.025	
17	以研磨代替上述方案中的珩磨	IT6 以上	0.2~0.025	

表 1-19 平面加工方案

序号	加工方案	公差等级	表面粗糙度值 $Ra/\mu m$	适用范围
1	粗车→半精车	IT9	6.3~3.2	主要用于端面加工
2	粗车→半精车→精车	IT8、IT7	1.6~0.8	
3	粗车→半精车→磨削	IT9、IT8	0.8~0.2	
4	粗刨(或粗铣)→精刨(或精铣)	IT9	6.3~1.6	一般不淬硬平面
5	粗刨(或粗铣)→精刨(或精铣)→刮研	IT7、IT6	0.8~0.1	精度要求较高的不淬硬平面,批量较大时宜采用宽刃精刨
6	以宽刃刨削代替上述方案中的刮研	IT7	0.8~0.2	
7	粗刨(或粗铣)→精刨(或精铣)→磨削	IT7	0.8~0.2	精度要求高的淬硬平面或未淬硬平面
8	粗刨(或粗铣)→精刨(或精铣)→粗磨→精磨	IT7、IT6	0.4~0.02	
9	粗铣→拉削	IT9~IT7	0.8~0.2	大量生产,较小的平面(精度由拉刀精度而定)
10	粗铣→精铣→磨削→研磨	IT6 以上	<0.1	高精度的平面

(3)选择基准。为保证模具工作性能,在零件设计时需要确定设计基准。在编制工艺时,要按设计基准选择合理的定位基准、装配基准、测量基准,以保证在零件加工后达到设计要求。

(4)确定加工余量及计算工序尺寸。用查表修正法确定各道工序的加工余量,按"入体法"算出各道工序的工序尺寸。中等尺寸模具零件加工工序余量见表 1-20。

表 1-20　中等尺寸模具零件加工工序余量

本工序→下工序		本工序表面粗糙度 $Ra/\mu m$	本工序单面余量/mm				说　明
锯	锻		型材尺寸<250 时取 2~4,>250 时取 3~6				锯床下料端面上余量
	车		中心孔加工时,长度上的余量 3~5				
			夹头长度>70 取 8~10,<70 时取 6~8				工艺夹头量
钳工	插、铣		排孔与线边距 0.3~0.5,孔距 0.1~0.3				主要用于排孔挖料
铣	插		5~10				主要对型孔、窄槽的清角加工
刨	铣	6.3	0.5~1				加工面垂直度、平行度取 1/3 本工序余量
铣、插	精铣仿刨	6.3	0.5~1				加工面垂直度、平行度取 1/3 本工序余量
钻	镗孔	6.3	1~2				孔径大于 30 mm 时,余量酌增
	铰孔	3.2	0.05~0.1				小于 14 mm 的孔
车	磨外圆	3.2	工件直径	工件长度			加工表面的垂直度和平行度允许取 1/3 本工序余量
				~30	>30~60	>60~120	
			3~30	0.1~0.12	0.12~0.17	0.17~0.22	
			30~60	0.12~0.17	0.17~0.22	0.22~0.28	
			60~120	0.17~0.22	0.22~0.28	0.28~0.33	
	磨孔	1.6	工件孔深	工件孔径			
				~4	4~10	10~50	
			3~15	0.02~0.05	0.05~0.08	0.08~0.13	
			15~30	0.05~0.08	0.08~0.12	0.12~0.18	
刨铣	磨	3.2	平面尺寸<250 时 0.3~0.5 >250 时取 0.4~0.6 外形取 0.2~0.3,内形取 0.1~0.2				加工表面的垂直度和平行度允许取 1/3 本工序余量
仿刨插			0.15~0.25				
			0.1~0.2				
精铣插	钳工锉修打光	1.6	0.1~0.15				加工表面要求垂直度和平行度
		3.2	0.1~0.2				
仿刨		3.2	0.015~0.025				要求上下锥度<0.03
仿形铣		3.2	0.05~0.15				仿形刀痕与理论型面的最小余量
精铣钳修	研抛	1.6	<0.05				加工表面要求保持工件的形状精度、尺寸精度和表面粗糙度
		1.6	0.01~0.02				
车镗磨		0.8	0.005~0.01				

本工序→下工序		本工序表面粗糙度 $Ra/\mu m$	本工序单面余量/mm	说　明
电火花加工	研抛	3.2~1.6	0.01~0.03	用于型腔表面加工等
线切割	研抛	3.2~1.6	<0.01	冷冲凹、凸模,导向卸料板,固定板
		0.4	0.02~0.03	型腔、型芯、镶块等
平磨	划线	0.4	0.15~0.25	可用于准备电火花线切割、成形磨削和铣削等的划线坯料

（5）选择机床、工艺装备及切削用量,确定工时定额。

二、冲裁模凸凹模零件的加工工艺

（一）工艺性分析

图 1-92 所示的冲裁模凸凹模零件是完成制件外形和两个圆柱孔的工作零件。从零件图上可以看出,该零件成形表面的加工采用实配法,外成形表面是非基准外形,其按落料凹模的实际尺寸配制,保证双面间隙为 0.03 mm;凸凹模的两个冲孔凹模也是非基准孔,也按冲孔凸模的实

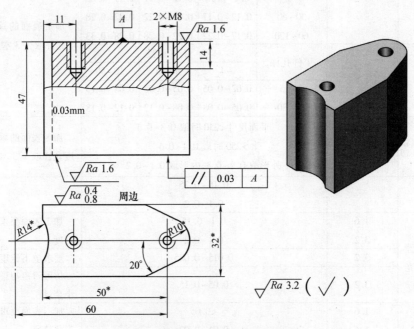

* 尺寸与凸模和凹模实际尺寸配制,保证双面间隙 0.06 mm

图 1-92　凸凹模零件(材料:Cr6WV　58~64HRC)

际尺寸配制。

该零件的外形表面尺寸是 60 mm×42 mm×52 mm。成形表面是外形轮廓和两个圆孔。结构表面是用于固紧的两个 M8 的螺纹孔。凸凹模的外成形表面分别是由 R10、R14 等圆弧面和平面组成的形状比较复杂。该零件结构是直通式，外成形表面的精加工可以采用电火花切割、成形磨削和连续轨迹坐标磨削的方法。零件底面还有两个 M8 的螺纹孔，可供成形磨削时紧固之用。零件毛坯形式应为锻件。

（二）工艺方案

根据一般工厂的加工条件，可以采用以下两个方案：

方案一：备料→锻造→退火→铣削六方→磨削六面→钳工划线作孔→钻削内孔，攻螺纹，粗铣外形→热处理→成形磨削外形

方案二：备料→锻造→退火→铣削六方→磨削六面→钳工作螺纹孔及穿丝孔→电火花线切割内外形

（三）工艺过程的制定

采用第一工艺方案：

（1）下料　锯床下料，φ60×70。

（2）锻造　锻造 65 mm×37 mm×52 mm。

（3）热处理　退火，硬度≤241HBS。

（4）立铣　铣六方 60.4 mm×32.4 mm×40.3 mm。

（5）平磨　磨六方，对 90°。

（6）钳工　划线，去毛刺，加工螺纹孔。

（7）工具铣　按划线铣外形，留双边余量 0.3~0.4 mm。

（8）热处理　淬火、回火硬度为 58~62HRC。

（9）平磨　光上下面。

（10）成形磨　在万能夹具上找正两圆孔磨外形并与落料凹模实配，保证双面间隙为 0.06 mm。

三、落料凹模零件的加工工艺

（一）工艺性分析

落料凹模零件图如图 1-93 所示，它是完成制件外形的工作零件，利用落料凹模上锋利的刃口将落料从条料中切离下来。其上面有用于安装的基准面，定位用的销孔、紧固用的螺钉孔、排料孔以及用于安装其他零部件的孔等。因此在工艺分析中如何保证刃口的质量和形状位置的精度是至关重要的。

该零件是整套模具的装配和加工的基准件，以该零件凹模型孔的实际尺寸为基准来加工相关其他各零件的各孔。

落料凹模零件的材料为 CrWMn，热处理硬度为 60~64HRC。零件毛坯形式为锻件。

（二）工艺方案

根据其排料孔可采用铣削加工及腐蚀加工两种工艺方案：

铣削加工工艺方案：备料→锻造→退火→刨削六面→平磨→钳工→铣削排料孔→热处理→

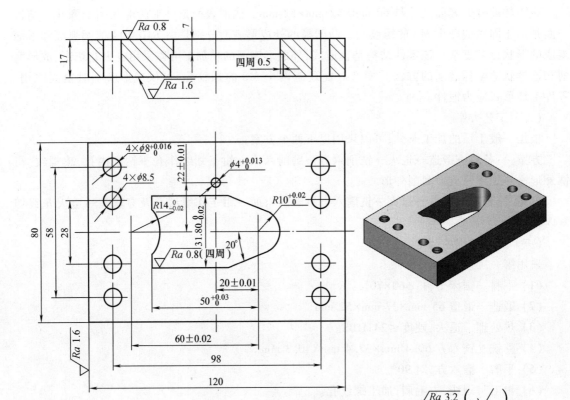

淬硬：HRC60–64

图 1-93 落料凹模零件（材料：CrWMn）

平磨→电火花线切割→钳工

腐蚀加工工艺方案：备料→锻造→退火→刨削六面→平磨→钳工→热处理→平磨→电火花线切割→用腐蚀液加工排料孔→研光

（三）工艺过程制定

采用腐蚀加工工艺方案：

（1）备料。

（2）锻造。锻成 126 mm×86 mm×25 mm 的矩形毛坯。

（3）热处理。退火。

（4）刨削。刨六面，留单面磨削余量 0.5 mm。

（5）平磨。磨削上下两面及相邻两侧面，留单面磨削余量 0.3 mm。

（6）钳工。

① 按图划线；

② 钻 4×φ8.5 孔；

③ 钻铰 4×φ8$^{+0.016}_{0}$孔至尺寸下限；

④ 按图在 $R10^{+0.02}_{0}$ 中心处及 $\phi4^{+0.013}_{0}$ 圆心处各钻穿丝孔。

（7）热处理。淬硬至 60~64HRC。

（8）平磨。磨削上下平面及相邻两侧面至尺寸,对正。

（9）电火花线切割。割出凹模型孔并留单面研修余量 0.005 mm。

（10）钳工。

① 用石蜡熔入 7 mm 高的凹模型孔将其封闭住,翻面注入腐蚀液加工排料孔至尺寸;

② 研光线切割面。

（11）检验。

（四）漏料孔加工方法

（1）铣削加工法 零件淬火之前,在铣床上将漏料孔粗铣完毕。

（2）电火花加工法 漏料孔加工完毕后,利用电极从漏料孔的底部方向进行电火花加工。

（3）腐蚀法 利用化学腐蚀液将漏料孔尺寸加大。腐蚀时,先将零件非腐蚀表面涂以石蜡,再把腐蚀零件放于酸性溶剂槽内或将零件被腐蚀表面内滴入酸性溶液,按酸性溶液的腐蚀速度确定腐蚀时间,然后取出零件在清水内清洗后吹干。常用化学腐蚀液配方及腐蚀速度见表 1-21。

表 1-21 化学腐蚀液配方

	成分	比例/%	腐蚀速度/$(mm \cdot min^{-1})$		成分	比例/%	腐蚀速度/$(mm \cdot min^{-1})$
配方一	草酸	18	0.04~0.07	配方二	硫酸	5	0.08~0.12
	氢氟酸	25			硝酸	20	
	硫酸	2			盐酸	5	
	双氧水	55			水	70	

思 考 题

1. 加工导柱时常以什么作定位基准? 为什么?

2. 保证导套类零件各主要表面相互位置精度的方法有哪几种?

3. 在加工模具导柱和导套时有哪些技术要求?

4. 简述用哪些机械加工方法可以加工圆形凸模、异形凸模、圆形型孔、异形型孔和型腔。

5. 加工导柱、导套的工艺过程大致可划分为哪几个阶段?

6. 用仿形铣床加工型腔时,仿形铣削的加工方式有哪几种? 它们有哪些特点?

7. 成形磨削加工的方法有哪几种? 它们的特点是什么?

8. 万能夹具的十字滑板和分度盘各起什么作用?

9. 成形磨削的工件工艺尺寸换算的内容有哪些?

10. 如何利用修整砂轮圆弧的夹具修整出不同尺寸和形状的圆弧?

11. 习题图 1-1 中的凸模已粗加工出外形,各面留磨削量 0.15~0.20 mm 并在圆弧的中心处作出工艺孔。淬硬后,磨削两端及孔至规定尺寸,然后在平面磨床上利用正弦分中夹具按心轴装夹法安装工件进行成形磨。试拟定凸模的磨削顺序。

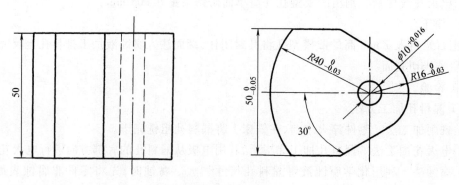

习题图 1-1   凸模

12. 试拟定习题图 1-2 中凸模固定板的机械加工工艺过程。

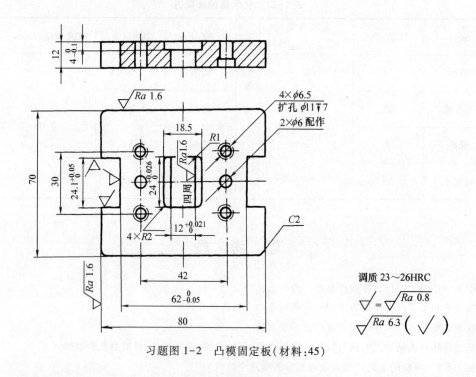

习题图 1-2   凸模固定板(材料:45)

13. 何谓压印锉修?如用压印锉修加工习题图 1-1 中的凸模,试简述其加工工艺。

14. 试拟定习题图 1-3 中凹模的机械加工工艺过程。

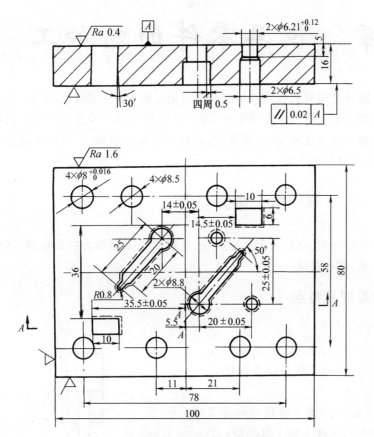

$A-A$

$2\times\phi6.21^{+0.12}_{0}$

$Ra\ 0.4$

$\boxed{A}$

5

16

$30'$

四周 0.5

$2\times\phi6.5$

$\boxed{// \mid 0.02 \mid A}$

$Ra\ 1.6$

$4\times\phi8^{+0.016}_{0}$

$4\times\phi8.5$

10

14 ± 0.05

14.5 ± 0.05

6

25

50°

20

25 ± 0.05

36

58

80

R0.8

$2\times\phi8.8$

35.5 ± 0.05

A

A

5.5

20 ± 0.05

A

A

10

11

21

78

100

侧刃孔以侧刃实测尺寸按单面间隙 0.015mm 配制，型孔以凸模实测尺寸按双面间隙 0.03mm 配制，型孔表面粗糙度值 Ra 为 $0.63\sim0.32\mu m$，材料为 CrWMn，淬硬 $60\sim64$HRC。

$\sqrt{} = \sqrt{Ra\ 0.8}$

$\sqrt{Ra\ 6.3}\ (\ \sqrt{}\ )$

习题图 1-3　凹模

第二章　模具零件的电加工

电加工是直接利用电能对金属材料按零件形状和要求加工成形的一种工艺方法。它不但能加工形状复杂、尺寸细小、精度要求较高的冲模零件,而且能有效地加工经过淬硬或难以用金属切削方法加工的零件。电加工的制造精度高、质量好,有较高的加工效率,不受热处理淬火变形影响,因而被广泛地应用于模具制造中。

第一节　电火花加工

电器开关触点在闭合和断开时,往往会产生电火花,使电火花表面有烧损的痕迹,这种因为放电而引起电极烧损的现象,称电腐蚀。

一、电火花加工的原理及特点

(一)电火花加工原理

电火花加工是在一定介质中,通过工具电极和工件之间脉冲放电的电腐蚀作用,对工件表面进行尺寸加工的一种工艺方法。

图 2-1 是电火花加工的原理图。由脉冲电源 2 输出的电压加在液体介质中的工件 1 和工具电极(以下简称为电极)4 上,自动进给调节装置 3(图中仅为该装置的执行部分)使电极和工件保持一定的放电间隙。当电压升高时,会在某一间隙最小处或绝缘强度最低处击穿介质,产生火花放电,瞬时高温使电极和工件表面都被蚀除掉一小块材料,各自形成一个小凹坑。电火花加工实际上是电极和工件间的连续不断的火花放电。电极和工件由于电腐蚀的不同程度的损耗,电极不断进给,工件不断产生电腐蚀,就可将电极形状复制在工件上,加工出所需要的成形表面(其整个表面将由无数个小凹坑所组成)。

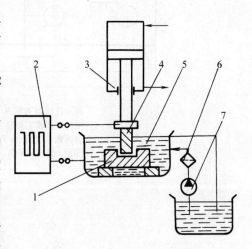

图 2-1　电火花加工原理图
1—工件;2—脉冲电源;3—自动进给调节装置;
4—工具电极;5—工作液;6—过滤器;7—泵

(二)电火花加工的过程

一次脉冲放电过程可分为电离、放电、热膨胀、抛出金属和消电离等几个阶段:

1. 电离

由于工件和电极表面存在着微观的凹凸不平,在两者相距最近点上的电场强度最大,因此其附近的液体介质首先被电离成电子和正离子。

2. 放电

在电场力的作用下,电子高速奔向阳极,正离子奔向阴极并产生火花放电,形成放电通道。在放电过程中,两极间液体介质的电阻从绝缘状态的几兆欧姆骤降至几分之一欧姆。由于放电通道受放电时磁场力和周围液体介质的压缩,其截面积极小,电流密度可达 $10^5 \sim 10^6$ A/cm^2。图 2-2 是放电状况微观图。

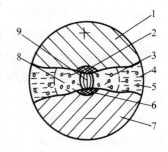

图 2-2 放电状况微观图

1—阳极;2—阳极汽化、熔化区;3—熔化的金属微粒;4—工作介质;5—凝固的金属微粒;6—阴极汽化、熔化区;7—阴极;8—气泡;9—放电通道

3. 热膨胀

由于放电通道中电子和离子高速运动时的相互碰撞,因此产生大量热能;阳极和阴极表面受高速电子和离子流的撞击,其动能也转化为热能,因此,在两极之间沿放电通道形成一个温度高达 10 000~12 000 ℃ 的瞬时高温热源。在热源作用区的电极和工件表面层金属都会很快熔化,甚至汽化。放电通道周围的液体介质除一部分汽化外,另一部分则被高温分解为游离的炭黑和 H_2、C_2H_2、C_2H_4、C_nH_{2n} 等气体(使工作液变黑,在极间冒出小气泡)。上述过程是在极短的时间($10^{-7} \sim 10^{-5}$ s)内完成的,因此,具有突然膨胀、爆炸的特性(可听到噼啪声)。

4. 抛出金属

热膨胀具有的爆炸力将熔化和汽化了的金属抛入附近的液体介质中冷却,凝固成细小的圆球状颗粒,其直径视脉冲能量而异,一般为 0.1~500 μm,电极表面则形成一个周围凸起的微小圆形凹坑,如图 2-3 所示。

图 2-3 放电凹坑剖面示意图

5. 消电离

消电离是使放电区的带电粒子复合为中性粒子的过程。在一次脉冲放电后应有一段时间间隔,使间隙内的介质来得及消电离而恢复绝缘强度,以实现下一次脉冲击穿放电。在加工中,如果电腐蚀的产物和气泡不及时排除,就会改变间隙内的成分和绝缘强度,使间隙中的热传导和对流受到影响,热量不易排出,带电离子的动能降低,因而大大减少了带电粒子复合为中性粒子的几率,破坏了消电离的过程,使脉冲转变为连续电弧放电,影响加工。

(三)电火花加工的主要特点

(1)电极和工件在加工过程中不直接接触,两者间的宏观作用力很小,因而不受电极和工件的刚度限制,有利于实现微细加工(如小孔直径可达 0.015 mm)。

(2)电极材料不必比工件材料硬度高。

（3）可以加工用切削加工方法难以加工或无法加工的材料及形状复杂的工件。

（4）直接利用电、热能进行加工，便于实现加工过程的自动控制。

但电火花加工也有一定的局限性。

（1）只能用于加工金属等导电材料，不像切削加工那样可以加工塑料、陶瓷等绝缘的非导电材料。但近年来研究表明，在一定条件下也可加工半导体和聚晶金刚石等非导体超硬材料。

（2）加工速度一般较慢。通常安排工艺时多采用切削来去除大部分余量，然后再进行电火花加工，以求提高生产率。但最近的研究成果表明，采用特殊水基不燃性工作液进行电火花加工，其粗加工生产率甚至高于切削加工。

（3）存在电极损耗。由于电火花加工靠电、热来蚀除金属，电极也会遭受损耗，而且电极损耗多集中在尖角或底面，影响成形精度。但最近的机床产品在粗加工时已能将电极相对损耗比降至 0.1% 以下，在中、精加工时能将损耗比降至 1%，甚至更小。

（4）最小角的半径有限制。一般电火花加工能得到的最小角的半径略大于加工放电间隙（通常为 0.02~0.30 mm），若电极有损耗或采用平动头加工，则角部半径还要增大。但近年来的多轴数控电火花加工机床，采用 x、y、z 轴数控摇动加工，可以棱角分明地加工出方孔、窄槽的侧壁和底面。

（5）加工表面有变质层甚至微裂纹。由于电火花加工具有许多传统切削加工所无法比拟的优点，因此其应用领域日益扩大，目前已广泛应用于机械（特别是模具制造）、航空航天、电子、电机、电器、仪器仪表、汽车、轻工等行业，以解决难加工材料及复杂形状零件的加工问题。加工范围已达到小至几十微米的小轴、孔、缝，大到几米的超大型模具和零件。

（6）直接利用电、热能进行加工，便于实现加工过程的自动控制。

二、电火花加工成形机床

电火花穿孔、成形加工机床按其大小可分为小型（D7125 以下）、中型（D7125~D7163）和大型（D7163 以上）。

命名以 D71 系列为例，型号表示方法如下：

D　71　32

D—电加工机床（如为数控电加工机床，则在 D 后加 K）

71—电火花穿孔、成形加工机床

32—机床工作台宽度（以 cm 表示）

当然也可按数控程度分为非数控、单轴数控或三轴数控型；按精度等级分为标准精度型和高精度型；按工具电极的伺服进给系统的类型分为液压进给、步进电动机进给、直流或交流伺服电动机进给驱动等类型。

电火花成形加工机床主要由机床主体、脉冲电源、伺服控制系统、工作液循环过滤系统及机床附件等构成。D7140 机床（图 2-4）为精密电火花成形机床，它是利用导电材料（如铜、石墨、钢等）作为工具电极，对工件（一般应为导电材料）进行加工，主要适用于精密冲模、型腔模、小孔、异形孔等的加工，是机加工车间、模具车间理想的加工设备。

图 2-5 所示为日本沙迪克电火花成形机床。

图 2-4　D7140 机床为精密电火花成形机床

图 2-5　日本沙迪克电火花成形机床

三、影响电火花加工精度及生产率的因素

（一）影响电火花加工精度的主要因素

1. 放电间隙

电火花加工时,电极和工件之间发生脉冲放电需保持一定的距离,该距离称为放电间隙。由于放电间隙的存在,使加工出的工件型孔或型腔尺寸与电极尺寸相比,周围要均匀地大一个间隙值(一般间隙值为 0.01~0.1 mm)。加工精度与放电间隙的大小是否稳定与间隙是否均匀有关。间隙愈稳定均匀,其加工精度就愈高,工件加工质量也愈好。

2. 电极损耗

在电火花加工过程中,随着工件不断被腐蚀,电极也必然要产生损耗。电极损耗可影响工件的加工精度,因此,研究与电极损耗有关的因素,并设法减少电极损耗及不良影响,是十分重要的。影响电极损耗的因素主要是电极形状及电极材料。

在电火花加工过程中,电极不同部位的损耗程度是不同的。如电极的尖角、棱边等凸出部位的电场强度较强,易形成尖端放电。所以,这些部位损耗快。由于电极损耗速度不均匀,必然会引起加工精度的下降。

电极的材料不同,电极的损耗程度也不同。其损耗主要受电极材料热学物理常数的综合影响。当脉冲放电能量相同时,以钛钨和石墨为材料的电极。由于石墨耐高温、耐腐蚀性强、电极损耗小,因此在型腔加工中,常利用石墨材料作电极。

(二)影响电火花加工生产率的主要因素

单位时间内从工件上腐蚀的金属量,称为电火花加工的生产率。生产率的高低受诸多因素的影响:

1. 脉冲宽度

对于矩形波脉冲电源,在脉冲电流峰值一定时,脉冲能量与脉冲宽度成正比,即能量越大,加工效率就越高。

2. 脉冲间隙

在脉冲宽度一定的条件下,脉冲间隙小,加工效率高。但脉冲间隙小于某一数值后,随着脉冲间隙的继续减小,加工效率反而降低。带有脉冲间隙自适应控制系统的脉冲电源,能够根据放电间隙的状态在一定的范围内调节脉冲间隙,既能保持稳定加工,又可获得较大的加工效率。

3. 电流峰值

当脉冲宽度和脉冲间隙一定时,随着电流峰值的增加,加工效率也增加。但电流峰值增大将增大工件的表面粗糙度值和增加电极损耗。在生产中,应根据不同的要求选择合适的电流峰值。

4. 加工面积的影响

加工面积较大时,对加工效率没有多大影响;当加工面积小至某一临界值时,加工效率就会显著降低,这种现象叫做面积效应。应根据不同的加工面积确定工作电流,并估算出所需的电流峰值。

5. 排屑条件

加工中除较浅型腔可用打排气孔方法排屑外,一般都用冲油或抽油排屑。适当增加冲油压力会使加工效率提高,但压力超过某一数值后,随压力的增加加工效率会略有降低。为了有利于排屑,除采用冲油外还经常采用抬起电极排屑的方法。

6. 电极材料和加工极性

采用石墨电极,在同样的加工电流时正极性比负极性加工效率高,但在粗加工时电极损耗甚大。采用负极性加工时会降低加工效率,但电极损耗将大大减少,加工稳定性将有所提高。因此在精加工脉冲宽度较窄时,一般采用正极性加工,而粗加工脉冲宽度较宽时,一般采用负极性加工。

7. 工件材料

一般来说,工件材料的熔点、沸点越高,比热容、熔化潜热和汽化潜热就越大,加工效率就越低,即难以加工。如硬质合金的加工效率比钢要低 40%~60%。对导热性好的材料,因热量散失快,所以加工效率也会降低。

8. 工作液

用石墨、紫铜等电极加工钢件时,采用煤油比机油的加工效率高。当采用水或酒精溶液时,加工效率低,但电极损耗可减少。改变油的粘度对加工效率也有影响,如在煤油中加入一半机油,可使加工效率有所提高。

四、凹模型孔的电火花加工

(一)凹模型孔的电火花加工方法

1. 直接加工法

直接加工法是指将凸模直接作为电极加工凹模型孔的方法(图2-6)。这种方法是用加长的凸模作为电极,其非刃口端作为电极端面,加工后将凸模上的损耗部分去除。凸、凹模的配合间隙 Z 等于放电间隙 δ。此方法适用于加工形状复杂的凹模或多型孔凹模,如电机定子、转子硅钢片冲模。采用这种加工法的特点是:工艺简单,加工后的凸、凹模之间的间隙均匀,在加工时不需单独做电极,但电加工性差。

2. 间接加工法

间接加工法是分别制造电极和凸模,但凸模要留出一定的余量,用制好的电极加工出凹模型孔,按凹模型孔的尺寸和精度修配凸模并使其达到要求的配合间隙的加工方法。此法适用于模具配合间隙 Z 要求较高的场合。采用间接加工方法的特点是:电极材料可以自由选择,不受凸模的限制,但凸、凹模配合间隙要受放电间隙限制。由于凸模、电极均需单独制作,所以既费工,放电间隙又不易保证均匀。

3. 混合加工法

混合加工法是指电极与凸模的材料不同,通过焊接或采用其他粘结剂将它们连接在一起加工成形,然后再加工凹模(图2-7),待凹模电火花加工后,再将其分开的加工方法。采用混合加工方法的特点是:电极材料可选择,所以电加工性能比直接加工法好,电极与凸模连接在一起加工,其形状、尺寸与凸模一致,加工后凸凹模配合间隙均匀。

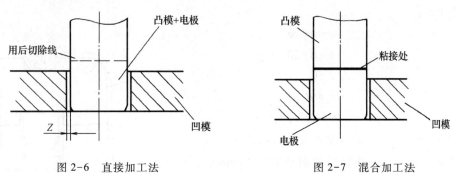

图2-6 直接加工法   图2-7 混合加工法

(二)电极的设计

1. 电极的结构

电极的结构形式应根据型孔的大小与复杂程度、电极的结构工艺性等因素来确定。电极常用的结构有以下三种:

(1)整体式电极(图2-8a) 这种电极采用整块材料加工而成,是最常用的结构形式。对于体积小、易变形的电极,可在其有效长度上部放大截面尺寸以提高刚度;对于体积大的电极,可在其非工作端面上开一些孔以减轻重量。

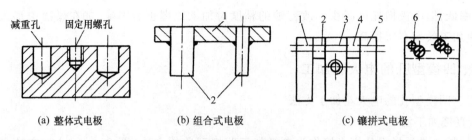

(a) 整体式电极　　　　(b) 组合式电极　　　　(c) 镶拼式电极

图 2-8　电极的结构形式

1、2、3、4、5—电极拼块；6—定位销；7—固定螺钉

　　（2）组合式电极（图 2-8b）　对于多型孔的凹模，可以考虑把多个电极组合在一起，一次穿孔完成各型孔的加工。采用组合式电极加工，生产率高，各型孔的位置精度也较为准确，但对电极的定位有较高的要求。

　　（3）镶拼式电极（图 2-8c）　这种电极一般结构复杂，采用整体加工有困难，通常将其分成几块，分别加工后镶拼成整体。

　　上述三种电极无论采用何种结构，电极都应有足够的强度，以利于提高加工过程的稳定性。电极与主轴连接后，其重心应尽量靠近主轴中心线，尤其是较重的电极，否则会产生附加偏心力矩，使电极轴线偏斜，影响模具加工精度。

　　2. 电极的尺寸

　　（1）电极横截面尺寸的确定　垂直于电极进给方向的电极尺寸，称为电极横截面尺寸。根据凸、凹模图样上公差的不同标注方法，其电极截面尺寸分别按下述两种方法计算：

　　① 按凹模型孔尺寸及公差确定电极横截面尺寸时，电极的轮廓应比凹模型孔均匀地缩小一个放电间隙值，如图 2-9 所示。根据凹模型孔尺寸和放电间隙便可计算出电极横截面尺寸，其计算公式如下：

$$a = A - 2\delta$$
$$b = B + 2\delta$$
$$c = C$$
$$r_1 = R_1 + \delta$$
$$r_2 = R_2 - \delta$$

式中：A、B、C、R_1、R_2——型孔基本尺寸，mm；

　　　　　　a、b、c、r_1、r_2——电极横截面基本尺寸，mm；

　　　　　　　　　　δ——单边放电间隙，mm。

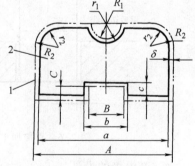

图 2-9　电极截面尺寸

1—型孔轮廓；2—电极横截面

　　② 按凸模标注尺寸和公差确定电极横截面尺寸时，电极横截面尺寸随凸、凹模配合间隙 Z（双面）的不同，分以下三种情况：

　　a. 配合间隙等于放电间隙（$Z = 2\delta$）时，电极与凸模截面尺寸完全相同。

　　b. 配合间隙小于放电间隙（$Z < 2\delta$）时，电极轮廓应比凸模轮廓均匀地缩小一个数值，但形状相似。

c. 配合间隙大于放电间隙（$Z > 2\delta$）时，电极轮廓应比凸模轮廓均匀地放大一个数值，但形状相似。

电极缩小或放大的数值可按下式计算：

$$a_1 = \frac{1}{2} |Z - 2\delta|$$

式中：a_1——电极横截面轮廓的单边缩小或放大量；

　　　Z——凸、凹模双边配合间隙；

　　　δ——单边放电间隙。

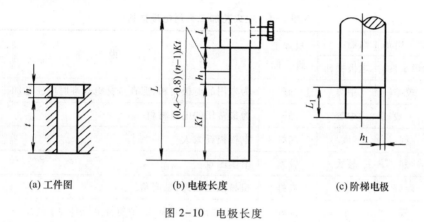

图 2-10　电极长度

（2）电极的长度　电极长度尺寸取决于凹模结构形式、型孔的复杂程度、加工深度、电极材料、电极使用次数、装夹形式和电极制造工艺等一系列因素，图 2-10 中的电极可按下式进行计算：

$$L = Kt + h + l + (0.4 \sim 0.8)(n-1)Kt$$

式中：L——电极长度尺寸，mm；

　　　t——凹模有效厚度（电火花加工深度），mm；

　　　h——当凹模下部挖空时，电极需要加长的长度，mm；

　　　l——夹持电极而增加的长度，一般取 10~20 mm；

　　　n——电极使用次数；

　　　K——与电极材料、型孔复杂程度等因素有关的系数，选用经验数据：紫铜为 2~2.5，黄铜为 3~3.5，石墨为 1.7~2，铸铁为 2.5~3，钢为 3~3.5。当电极材料损耗小、凹模型孔简单、电极轮廓无尖角时，K 取小值；反之取大值。

加工硬质合金时，由于电极损耗大，电极长度应适当加长，但总长不宜过大，太长会带来制造上的困难。

在生产中为了减少脉冲的转换次数和简化操作，有时将电极适当加长，并将加长部分和截面尺寸均匀减小，做成阶梯状，称为阶梯电极，如图 2-10c 所示。阶梯部分的长度 L_1 一般取凹模加工厚度的 1.5 倍左右；阶梯部分的缩小量 $h_1 = 0.1 \sim 0.15$ mm。对阶梯部分不便进行切削加工的电极，常用化学浸蚀方法将断面尺寸均匀缩小。

（3）电极尺寸的公差及表面粗糙度　电极横截面尺寸的公差一般取模具刃口相应尺寸公差的1/2~2/3。对电极长度方向上的尺寸公差没有严格要求。电极侧面的平行度误差要求在100 mm长度上不大于0.01 mm。电极工作表面的表面粗糙度值不大于凹模型孔的表面粗糙度值。

3. 电极的材料

从电火花加工原理来说,似乎任何导电材料都可以作为电极。但在实际使用中,应选择相对损耗小、加工过程稳定、生产率高、易于制造及成本低廉的材料作为电极材料。目前,常用的电极材料有黄铜、紫铜、铸铁、钢、石墨、银钨合金、铜钨合金等,这些材料的性能见表2-1。选用时应根据加工对象所采用的工艺方法、工件形状与要求、工作材料等因素综合考虑。

表2-1　电火花加工常用电极材料

电极材料	电加工性能		机加工性 能	说　　明
	稳定性	电极损耗		
钢	较差	中等	好	为常用的电极材料,但在选择电规准时应注意加工的稳定性
铸铁	一般	中等	好	为最常用的电极材料
黄铜	好	大	尚好	电极损耗太大
纯铜	好	较大	较差	磨削困难
石墨	尚好	小	尚好	机械强度较差,易崩角
铜钨合金	好	小	尚好	价贵,在深孔、直壁孔、硬质合金模具加工时用
银钨合金	好	小	尚好	价贵,一般加工中使用较少

（三）电规准的选择与转换

电火花加工所选用的一组电脉冲参数称为电规准。电规准应根据工件加工要求、电极和工件材料、加工工艺指标等因素来选择。在生产中,通常需要用几个电规准来完成凹模型孔的加工。从一个电规准调整到另一个电规准的过程,称为电规准的转换。电规准的选择与转换的好坏,可直接影响到电加工的生产率和冲模的加工质量。

1. 电规准的选择

电规准一般可分为粗、中、精三种,它们的作用分别类似于切削加工中的粗加工、半精加工和精加工。

粗规准主要用于粗加工,被加工表面的表面粗糙度值 Ra 小于 12.5 μm。

精规准用来进行精加工,要求在保证冲模各项技术要求（如配合间隙、表面粗糙度和刃口斜度）的前提下尽可能提高生产率,被加工表面的表面粗糙度值 Ra 为 1.6~0.8 μm。

中规准是粗、精加工之间过渡性加工所采用的电规准,用以减小精加工余量,促进加工稳定性和提高加工速度,被加工表面的表面粗糙度值 Ra 为 6.3~3.2 μm。

2. 电规准的转换

电规准的转换因不同的加工条件而异,目的是为了较好地解决电火花加工的质量和生产率之间的矛盾。一般冲模加工时电规准的转换程序是:一般选用一挡粗规准、一挡中规准、一挡或两挡精规准。先选用粗规准加工,当阶梯电极的台阶刚好进入凹模型孔刃口时,换成中规准作过渡,加工 1~2 mm(取决于刃口高度和精规准的稳定程度),再转入精规准。精规准若用两挡,则依次进行转换。

在正确转换电规准的同时,必须注意适时调节冲油压力。一般说来,在粗加工时排屑较容易,宜用较小压力;转入精规准后加工深度增加、放电间隙减小,排屑困难,所以应逐渐加大冲油压力;穿透时应适当降低压力。对加工斜度、表面粗糙度值要求较小和精度要求较高的冲模加工,可将液体介质的循环方式由上部入口处冲油改成从孔下端抽油,以减少二次放电的影响。

（四）凹模型孔电火花加工实例

图 2-11 为拉深瓶盖的凹模,凹模型孔侧面有 36 条肋,模具材料为 Cr12MoV,硬度为 60~62HRC。

由于凹模型孔侧面有 36 条肋,单面有 1°30′的起模斜度,使用常规的配作方法存在一定难度。采用凸模作电极对凹模型孔侧肋进行电火花加工(图 2-12),既简单又能保证凹模型孔内各个肋的尺寸一致性的要求。其工艺过程简述如下:

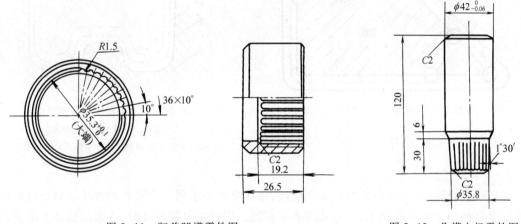

图 2-11 瓶盖凹模零件图　　　　　　　图 2-12 凸模电极零件图

1. 电极(凸模)的制造加工工艺过程

下料→锻造→退火→粗车→精车→精铣→钳工修整→淬火与低温回火→钳工抛光

或下料→锻造→退火→粗车→精车→淬火与低温回火→磨削成形

凸模长度应根据模具的结构来确定。作为电火花加工的电极,其长度应根据凹模刃口的高度而定。

2. 凹模加工工艺过程

下料→锻造→退火→粗车→精车→淬火与低温回火→磨削平面→磨削内外圆→电火花加工凹模型孔

五、凹模型腔电火花加工

（一）凹模型腔电火花加工方法

1. 单电极平动法

单电极平动法在型腔的电火花加工中应用最广泛。它是采用机床的平动头,用一个电极完成型腔的粗、中、精加工的。加工时先采用低损耗(电极相对损耗小于1%)、高生产效率的电规准对型腔进行粗加工。然后,起动平动头作平面圆周运动。按照粗、中、精的顺序逐级转换电规准,并相应加大电极的平动量,将型腔加工至所要求的尺寸精度及表面粗糙度。

图 2-13 为采用单电极平动法加工时电极上各点的运动轨迹,图中 δ 为放电间隙。电极轮廓线上的小圆是电极表面上点的运动轨迹,它的半径是电极作平面圆周运动的回转半径。这种加工方法的加工精度可达到±0.05 mm。单电极平动法的缺点是难以获得高精度的型腔,特别是难以加工出清棱、清角的型腔。此外,电极在粗加工中容易引起不平的表面龟裂,影响型腔的表面质量。为了弥补这一缺点,可采用重复定位精度较高的夹具,将粗加工后的电极取下,经均匀修光后,再装入夹具中,用平动头来完成型腔的最终加工。

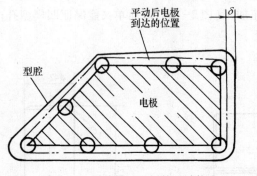

图 2-13　平动加工电极的运动轨迹

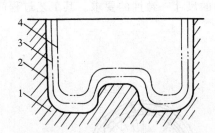

图 2-14　多电极更换法示意图
1—楔块;2—精加工后的型腔;
3—中加工后的型腔;4—粗加工后的型腔

2. 多电极更换法

多电极更换法(图2-14)是采用多个电极,依次更换加工同一个型腔的方法。每个电极都对型腔的全部被加工面进行加工,但电规准各不相同。因此在电极设计时,必须根据各个电极所应用电规准的放电间隙来确定电极尺寸,每个电极在加工时都必须把前一个电极加工所产生的电腐蚀痕迹完全去除。一般用两个电极进行粗、精加工即可满足要求。当型腔的精度和表面质量要求很高时,才用三个或更多个电极进行加工。

多电极更换法加工型腔的仿形精度高,尤其适用于尖角、窄缝多的型腔加工。但它要求多个电极的尺寸一致性好,制造精度高,更换电极时要求定位装夹精度高。该法一般只用于精密型腔的加工。

3. 分解电极法

分解电极法是单电极平动法和多电极更换法的综合应用。它根据型腔的几何形状把电极分解并制造成主型腔电极和副型腔电极。先用主型腔电极加工出主型腔,再用副型腔电极加工型腔的尖角、窄缝等部位。这种方法可根据主、副型腔不同的加工条件,选择不同的加工电规准,有利于提高加工速度和改善加工表面的质量,使电极易于制造和修整。但主、副型腔电极安装精度要求很高。

(二) 电极的设计

1. 电极结构设计

电极的结构形式应取决于模具的结构和加工工艺。整体式电极通常分为有固定板和无固定板两种形式。无固定板式电极多用于型腔尺寸较小、形状简单、只用单孔冲油或排气的电极,如图 2-15a 所示。有固定板式电极如图 2-15b 所示,固定板的作用是便于电极的制造和使用时的装夹、校正。

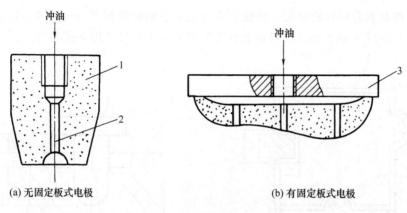

(a) 无固定板式电极　　　　　　　　　(b) 有固定板式电极

图 2-15　整体式电极的结构
1—电极;2—冲油孔;3—固定板

镶拼式电极适用于型腔尺寸较大、单块电极坯料尺寸不够或型腔形状复杂、电极又易于分块制作的场合。这种电极通常用聚氯乙烯醋酸溶液或环氧树脂粘合。

组合式电极适用于一模多型腔加工,可大大提高加工速度,并可简化各个型腔间的定位工序,提高定位精度。这种电极由装在同一固定板上的多个电极构成。

2. 电极尺寸的确定

(1) 电极水平截面尺寸的确定　型腔电极在垂直于机床主轴轴线方向的截面尺寸,称为型腔电极的水平尺寸,如图 2-16 所示。当型腔经过预加工、采用单电极进行电火花精加工时,其水平尺寸确定只需考虑放电间隙即可,确定方法与型孔加工相同。当型腔采用电极平动加工时,需考虑的因素很多,其计算公式为:

$$a = A \pm Kb$$
$$b = \delta + H_{max} - h_{max}$$

式中:a——型腔电极水平方向尺寸;

　　A——型腔的基本尺寸;

　　K——与型腔尺寸标注有关的系数;

　　b——电极单边缩放量;

　　δ——粗规准加工的单面脉冲放电间隙;

　　H_{max}——粗规准加工时表面微观不平度最大值;

　　h_{max}——精规准加工时表面微观不平度最大值。

上式中+、-号的确定原则是:当图样上型腔凸出部分对应电极凹入部分尺寸时应放大,取+号。凡图样上型腔凹入部分对应电极凸出部分尺寸时应缩小,取-号。

式中K值按下述原则确定:当图样中型腔尺寸两端以加工面为尺寸界线时,如果与电腐蚀方向相反,则取$K=2$,如图2-16中A_1。若与电腐蚀方向相同,取$K=1$,如图2-16中R_1、R_2。图样上型腔中心线之间的位置尺寸及角度,电极上相对应的尺寸不缩不放,取$K=0$,如图2-16中的E。

（2）型腔电极垂直尺寸的确定　型腔电极与机床主轴轴线相平行的尺寸,称为型腔电极的垂直尺寸,如图2-17所示。型腔电极在垂直方向的有效工作尺寸用下式确定:

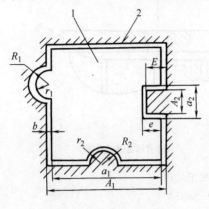 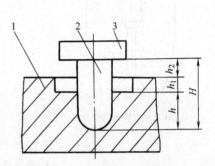

图2-16　电极水平截面尺寸　　　　　图2-17　型腔电极垂直尺寸
1—型腔电极;2—型腔　　　　　　　　1—工件;2—电极;3—电极固定板

$$H = h + h_1 + h_2$$

式中:H——型腔的垂直尺寸,mm;
　h——型腔电极在垂直方向的有效工作尺寸,mm;
　h_1——型腔电极需要伸入型腔内的增加高度,mm;
　h_2——加工终了时电极固定板与模具之间的高度,mm,一般取5~20 mm。

在确定型腔电极垂直方向的有效工作尺寸时(主要考虑型腔电极损耗),可按下式计算:

$$h = l + l_1 + l_2$$

式中:l——型腔名义深度尺寸,mm;
　l_1——粗加工时型腔电极长度损耗,mm,一般取$l_1 = 0.02l$;
　l_2——精加工时型腔电极长度损耗,一般取$l_2 = 0.4l_3$,l_3为精加工时的修光深度,一般约为0.4 mm。

3. 排气孔和冲油孔

由于型腔加工的排气、排屑条件比型孔加工困难,为防止排气、排屑不畅,影响加工速度、加工稳定性和加工质量,应在型腔电极上设置适当的排气孔和冲油孔。一般情况下,冲油孔要设置在难于排屑的拐角、窄缝处,如图2-18所示;排气孔要设计在电腐蚀面积较大的位置或型腔电极端部有凹入的位置,如图2-19所示。

冲油孔和排气孔的直径应小于平动偏心量的2倍,一般为1~2 mm。直径过大会使电蚀表面形成凸起,不易清除。各孔之间的距离为20~40 mm,以不产生气体和电蚀产物的积存为准。

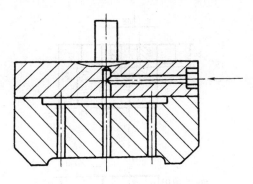
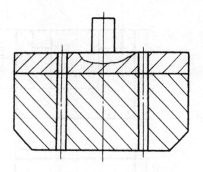

图 2-18　型腔电极冲油孔的设置　　　　图 2-19　型腔电极排气孔的设置

4. 型腔的电极材料

电极材料直接影响加工的工艺指标。用作型腔加工的电极材料,应用最多的是石墨和紫铜。这两种材料的共同特点是在宽脉冲加工时都能实现低损耗。石墨电极易加工成形、比体积小、质量轻;但脆性大、易崩角。石墨电极具有优良的电加工性,被广泛用于型腔加工。高质量、高强度、高密度的石墨材料,使石墨电极的性能更趋完善,是型腔加工首选的电极材料。紫铜电极制造时不易崩边塌角,比较易于制成薄片和其他复杂形状电极。由于其具有优良的电加工性,因此适合于加工精密复杂的型腔。其缺点是切削加工性能较差、密度较大、价格较贵。石墨与紫铜性能的比较见表 2-2。

表 2-2　石墨电极与紫铜电极的特点

	石　墨	紫　铜
选材要求	应选用质细、致密、颗粒均匀、气孔率小、灰分少、强度高的高纯石墨	无杂质且经锻造的电解铜
材料的成形性能	易成形,大型电极可采用拼块组成	不易成形,机械加工较困难
电极制造方法	可用机械加工、加压振动或成形烧结,因强度低易损坏	可用机械加工、电铸、放电压力成形等方法
电火花加工性	良好,电极损耗小,但精加工时易烧弧	加工性能好,不易烧弧,但与石墨相比损耗较大
适用范围	大、中、小型腔	适用于小型腔、高精度型腔、大中型腔,采用空心薄板电极加工

黄铜、铸铁、钢不适于型腔加工,原因是加工时损耗较大。铜钨、银钨合金的抗损耗性能特别好,适用于高精度、小锥度的型腔加工,但是由于这两种材料价格贵,故应用较少。

（三）凹模型腔电火花加工实例

图 2-20 为注射模镶块,材料为 40Cr,硬度为 38~40HRC,加工表面粗糙度值 Ra 为 0.8 μm,要求型腔侧面棱角清晰,圆角半径小于 0.3 mm。

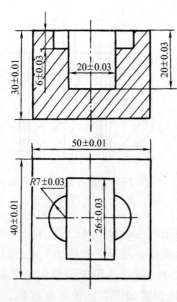

图 2-20 注射模型腔镶块结构

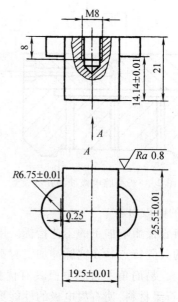

图 2-21 电极结构与尺寸

1. 方法选择

选用单电极平动法进行加工,为了保证侧面棱角清晰($R<0.3$ mm),其平动量应小,取 $\delta \leqslant$ 0.25 mm。

2. 电极

(1)电极材料 选用锻造纯铜。

(2)电极结构与尺寸 如图 2-21 所示。

(3)电极制造 电极可以用机械加工与钳工修整的方法进行制造,也可用电火花线切割加工。其工艺过程如下:

备料→刨(铣)削六方→划线→机械加工→加工螺孔→电火花线切割加工圆弧→钳工修整

3. 型腔镶块坯件加工

型腔镶块电火花加工前必须对坯件进行机械加工,其工艺过程为:

备料→刨(铣)削六方→调质处理→磨削六方表面(保证长、宽尺寸精度)

4. 型腔镶块电火花成形加工

采用数控电火花成形机床,选用表 2-3 中的电规准和平动量及对型腔进行加工。

表 2-3 型腔加工电规准转换与平动量分配

序号	脉冲宽度 /μs	脉冲电源 幅值/A	平均加工 电流/A	表面粗糙度 $Ra/\mu m$	单边平动 量/mm	端面进给 量/mm
1	350	30	14	10	0	19.90
2	210	18	8	7	0.1	0.12
3	130	12	6	5	0.17	0.07
4	70	9	4	3	0.21	0.05
5	20	6	2	2	0.23	0.03
6	6	3	1.5	1.3	0.245	0.02
7	2	1	0.5	0.6	0.25	0.01

六、电极的装夹校正与工件的定位

（一）电极的装夹及校正

电极装夹与校正的目的是使电极正确牢固地装夹在机床主轴的电极夹具上,使电极轴线和机床主轴轴线一致,保证电极与工件的垂直度。对于小电极可利用电极夹具装夹,如图 2-22 所示。较大电极可用主轴下端连接法兰上的 a、b、c 三个基面作基准直接装夹,如图 2-23 所示。对石墨电极可与连接板直接固定后再装夹,如图 2-24 和图 2-25 所示。

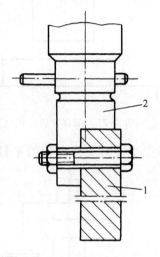

图 2-22 用电极夹具装夹小电极
1—电极;2—夹具

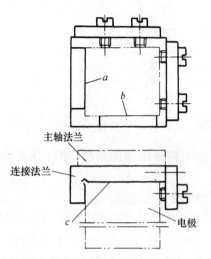

图 2-23 较大电极直接装夹

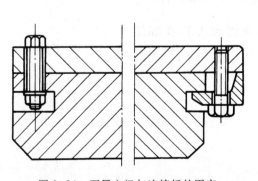

图 2-24 石墨电极与连接板的固定

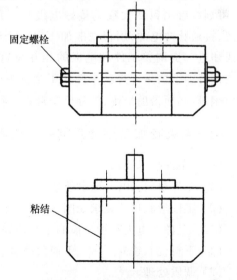

图 2-25 拼合电极的装夹

电极装夹后应进行校正,主要是检查其垂直度要求。对侧面有较长直壁面的电极,可采用精密 90°角尺和百分表校正,如图 2-26 和图 2-27 所示。对于侧面没有直壁面的电极,可按电极

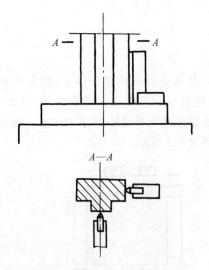

图 2-26 用精密 90°角尺校正电极

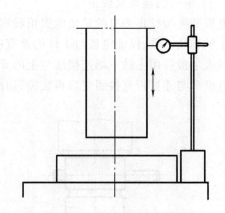

图 2-27 用百分表校正电极

（或固定板）的上端面作辅助基准,用百分表检验电极上端面与工作台面的平行度,如图 2-28 所示。

（二）工件的装夹与定位

一般情况下工件可直接装夹在垫块或工作台上。如果采用下冲油时,工件可装夹在油杯上用压板压紧。工作台有坐标移动时,应使工件中心线和十字滑板移动方向一致,以便于电极和工件的校正定位。

工件在定位时,如果工件毛坯留有较大加工余量,可划线后用目测大致调整好电极与工件的相互位置,接通脉冲电源,用粗规准加工出一个浅印。根据浅印进一步调整工件和电极的相互位置,使型腔周边都有加工余量即可。工件加工余量少的型腔定

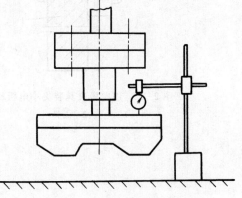

图 2-28 型腔电极校正

位较困难,必须借助量块、千分尺等量具进行精确定位后,才能进行加工。

七、电火花加工综合实例——洗衣机调节螺母注塑模加工

（一）工件技术要求

（1）工件材料:40Cr,调质处理。

（2）工件形状尺寸要求如图 2-29 所示。

（二）工件在电火花加工前的工艺路线

（1）下料,刨、铣外形,上、下面留磨量。

（2）调质处理。

（3）磨上、下面。

（4）钻、铰导柱面。

（5）精车 $\phi22.4$ 孔,预车型腔孔,单面留余量 2 mm。

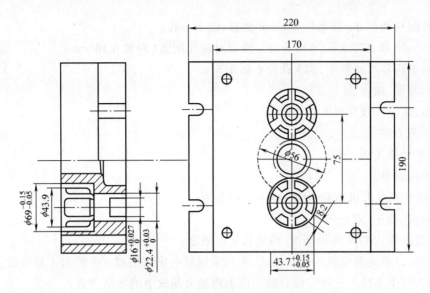

图 2-29　洗衣机调节螺母注塑模

（三）工具电极技术要求

（1）材料纯铜。

（2）工具电极的形状尺寸要求如图 2-30 所示。

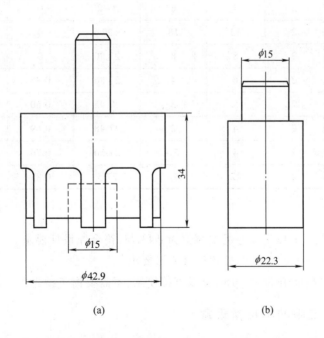

图 2-30　电极形状尺寸

（四）在电火花加工之前的工艺路线

准备定位心轴。

车：各外圆柱面尺寸，留 0.2~0.3 mm 磨量，钻中心孔。

磨：精磨 φ15 和 φ22.3 孔，φ22.3 与工件上对应孔配磨（间隙 0.10 mm）。

车：工具电极各尺寸精车，φ15 孔与心轴配车。

铣：铣出各筋、槽。

钳：修型，达图样设计要求。

（五）工艺方法

单电极平动修光法。

（六）使用设备

D7140 电火花成形机床和 NHP-60A 脉冲电源。

（七）装夹、校正、固定

（1）工具电极：φ42.9 处为基准，校正后予以固定。

（2）工件：以模块两侧壁的基准校正，然后采用放电定位法对正工件与工具电极。对正时使用的部位为工件上 φ22.4 孔和定位心轴。用小能量火花放电的方法作业。

（八）加工规准（表 2-4）

表 2-4　洗衣机调节螺母注塑模加工规准

脉宽/μs	间隙/μs	功放管数		平均加工电流/A	总进给深度/mm	平动量/mm	表面粗糙度 Ra	极性
		高压	低压					
1 000	200	2	4	6	1~2	0	20	负
1 000	100	2	12	18	27	0	>25	负
256	50	2	8	8	27.20	0	12~13	负
256	50	2	6	4	27.30	0.48	9~11	负
64	20	2	5	3	27.45	0.60	7~8	负
64	20	2	4	2	27.48	0.69	5~6	负
2	10	2	4	1.5~2	27.50	0.76	3~4	负
2	10	2	12	1.5~2	27.5	0.83	<2.5	负

（九）加工效果

（1）一次加工成形，φ43.7 尺寸的实测值为 φ43.78，符合原设计要求。

（2）综合损耗小于 1%，型腔的棱角符合成形要求。

（3）加工表面粗糙度值 Ra<1 μm，可以直接使用，不需要钳工抛光。

八、电火花加工中的不正常现象

1. 电极损耗过大

可能原因如下。

（1）正负极性接反粗加工时工件应接负极，精加工时一般应接正极。

（2）冲油压力、流速过大，应降低。

（3）脉宽、峰值电流参数选择不当,应参照工艺曲线图表来选择电参数。

2. 加工极不稳定,火花颜色异常,冒白烟

可能原因如下:

（1）个别功率管击穿而导通,实际输出的是直流电,应更换损坏的功率管。

（2）主振级参数变化失调（电阻、电容器变质或脱焊）,使脉冲间隙过小或脉冲宽度过大,相似于用直流电加工,可用示波器观察波形,更换损坏的元件。

3. 加工不稳定,反复开路、短路,生产率很低,甚至出现拉弧

可能原因如下:

（1）参数选择不当,如峰值电流过大、脉间过小、加工面积过小等,应按工艺曲线图表选择电参数。

（2）加工面积过大,冲油排屑不良,应增加定期抬刀次数和幅度,加大冲油压力。

第二节　电火花线切割加工

一、电火花线切割加工的原理及特点

（一）电火花线切割加工的原理

电火花线切割加工是利用电极和工件之间脉冲放电的电腐蚀作用,对工件进行加工的一种方法。其加工原理（图 2-31）与电火花的加工原理基本相同,但加工中利用的电极是电极丝（钼丝或铜丝）。如图 2-31 所示,工件通过绝缘板 7 安装在工作台上,工件接在脉冲电源的正极,电极丝接在负极。加工时,电极丝 4 穿过工件 5 上预先钻好的小孔（穿丝孔）,经导轮 3 和贮丝筒 2 带动往复交替移动。根据工件图样编制加工程序并输入数控装置,数控装置 1 根据加工程序发

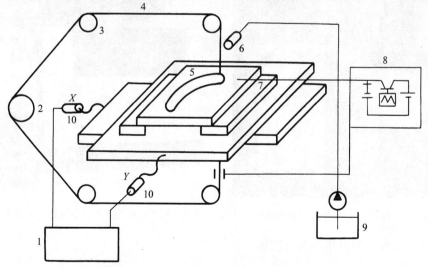

图 2-31　线切割加工原理

1—数控装置;2—贮丝筒;3—导轮;4—电极丝;5—工件;6—喷嘴;

7—绝缘板;8—高频脉冲电源;9—工作液箱;10—步进电动机

出指令,控制两台步进电动机 10,以驱动工作台移动而加工出平面任意曲线。高频脉冲电源 8 产生脉冲电能,工作液由喷嘴 6 喷向加工区并产生电火花,使工件表面形成凹坑。

（二）电火花线切割加工的特点

与电火花加工比较,电火花线切割加工具有以下特点:

（1）不需要制作电极。

（2）电极丝沿长度方向运动,加工中损耗少,对加工精度影响小,有利于排屑。

（3）能方便地加工精密、形状复杂而细小的内、外形面。

（4）自动化程度高,操作方便。

（5）不能加工母线不是直线段的表面和盲孔。

二、电火花线切割成形加工机床

按走丝速度的不同,电火花线切割机床可分为慢走丝（图 2-32）和快走丝线切割机床（图 2-33）。各种线切割机床的结构大同小异,可分为主机、脉冲电源和数控装置三大部分。

按走丝速度的不同,电火花线切割数控机床可分为慢走丝和快走丝线切割机床。快走丝线切割机床采用直径为 0.08~0.22 mm 的钼丝作电极,往复循环使用,走丝速度为 8~10 m/s,可达到的加工精度为 ±0.01 mm,表面粗糙度值 Ra 为 6.3~3.2 μm。慢走丝线切割机床的走丝速度是 3~12 m/min,采用铜丝作为电极单向移动,可达到的加工精度为 ±0.001 mm,表面粗糙度值 Ra 大于 0.4 μm。这类机床的价格比快走丝线切割机床高。

图 2-32　快走丝电火花线切割机床

图 2-33　慢走丝电火花线切割机床

（一）电火花线切割机床各部分功能

1. 床身

床身一般为铸件,是坐标工作台、走丝机构及线架的支撑和固定基础。通常采用箱式结构,应有足够的强度和刚度。床身内部安置电源和工作液箱,考虑电源的发热和工作液泵的振动,有些机床将电源和工作液箱移出床身外另行安放。

2. 坐标工作台

电火花线切割机床最终都是通过坐标工作台与电极丝的相对运动来完成对零件加工的。为保证机床精度,对导轨的精度、刚度和耐磨性有较高的要求。一般都采用十字滑板、滚动导轨和丝杠传动副将电机的旋转运动变为工作台的直线运动,通过两个坐标方向各自的进给运动,可合成各种平面图形曲线轨迹。为保证工作台的定位精度和灵敏度,传动丝杆和螺母之间必须消除间隙。

3. 走丝机构

走丝机构使电极丝以一定的速度运动并保持一定的张力。在高速走丝机床上,一定长度的电极丝平整地卷绕在贮丝筒上,丝张力与排绕时的拉紧力有关,贮丝筒通过联轴节与驱动电机相连。电机带动贮丝筒由专门的换向装置控制作正反向交替运转,同时沿轴向移动,走丝速度等于贮丝筒周边的线速度,通常为 $8 \sim 12$ m/s。在运动过程中,电极丝由线架支撑,并依靠导轮保持电极丝与工作台垂直或倾斜一定的几何角度(锥度切割时用)。

4. 脉冲电源

受加工表面粗糙度值和电极丝允许承载电流的限制,线切割加工脉冲电源的脉宽较窄(2 ~ 60 μs),单个脉冲能量、平均电流一般较小,所以线切割加工总是采用正极性加工。脉冲电源的形式很多,如晶体管短波脉冲电源、高频分组脉冲电源、并联电容型脉冲电源和低损耗电源等。

5. 数控装置控制系统

数控装置控制系统的主要作用是在电火花线切割加工过程中,按加工要求自动控制电极丝相对工件的运动轨迹和进给速度,来实现按工件的形状和尺寸加工。亦即:当控制系统使电极丝相对工件按一定轨迹运动时,同时还应该实现进给速度的自动控制,以维持正常的稳定切割加工。

(二)电火花线切割机床控制系统的功能

电火花线切割机床控制系统的具体功能包括轨迹控制和加工控制。

1. 轨迹控制

轨迹控制就是精确控制电极丝相对工件的运动轨迹,以获得所需的形状和尺寸。

电火花线切割机床现在普遍采用微机数控。目前,高速走丝电火花线切割机床的数控系统大多采用较简单的步进电动机开环系统,而低速走丝线切割机床的数控系统则大多采用伺服电机加码盘的半闭环系统,仅在一些少量的超精密线切割机床上采用了伺服电机加磁尺或光栅的全闭环数控系统。

2. 加工控制

加工控制指在加工过程中对伺服进给、短路回退、间隙补偿、自适应控制、自动找中心、电源装置、走丝机构、工作液系统等控制的功能。

进给控制是根据加工间隙的平均电压或放电状态的变化,通过取样、变频电路,不定期地向计算机发出中断申请,自动调整伺服进给速度,保持某一平均放电间隙,使加工稳定,提高切割速度和加工精度。

短路回退功能用来记忆电极丝经过的路线。发生短路时,改变加工条件并沿原来的轨迹快速后退,消除短路,防止断丝。

线切割加工数控系统所控制的是电极丝中心移动的轨迹。因此,加工有配合间隙冲模的凸模时,电极丝中心轨迹应向原图形之外偏移进行"间隙补偿",以补偿放电间隙和电极丝的半径,加工凹模时,电极丝中心轨迹应向图形之内"间隙补偿"。"间隙补偿"也叫"偏移补偿"。

自适应控制在工件厚度变化的场合,改变规准之后,能自动改变预置进给速度或电参数(包括加工电流、脉冲宽度、间隔),不用人工调节就能自动进行高效率、高精度的加工。自动找中心功能使孔中的电极丝自动找正后停止在孔中心处。

三、电火花线切割数字程序的基本控制原理

数控程序用来控制机床,使机床按照预定的要求进行切割加工。将工件的图样尺寸经过人工计算(或使用计算机自动编程)变换成机器可以接受的指令码,这个过程称为程序的编制。电火花线切割数控机床所用的程序格式有 3B、4B、ISO 代码等。

(一) 3B 程序格式编制

1. 程序格式

3B 程序格式是电火花线切割数控机床上的一种常用的程序。在程序格式中无间隙补偿,但可通过机床的数控装置或一些自动编程软件,自动实行间隙补偿。其具体格式见表 2-5。

表 2-5 3B 程序格式

B	X	B	Y	B	J	G	Z
分隔符号	X 坐标值	分隔符号	Y 坐标值	分隔符号	计数长度	计数方向	加工指令

(1) 分隔符号 B 用来将 X、Y、J 的数码分开,以利于控制机识别。

(2) 坐标值 X、Y 即 X、Y 坐标值的绝对值,单位为 μm,在 μm 以下的数值应四舍五入。

对于直线段,坐标原点移至线段起点,X、Y 分别取线段在对应方向上的增量,即该线段在相对坐标系中的终点坐标的绝对值(X、Y 允许取比值)。X 或 Y 为零时,X、Y 值均可不写,但分隔符号保留。例如 B2000 B0 B2000 GX L1 可写为 B B B2000 GX L1。

对于圆弧,坐标原点移至圆心,X、Y 取圆弧起点坐标的绝对值,但不允许取比值。

(3) 计数方向 G 选取 X 方向进给总长度计数时,用 GX 表示;选取 Y 方向进给总长度计数时,用 GY 表示。计数方向应正确选择,否则加工时易漏步。

① 加工直线段时的计数方向 用线段的终点坐标的绝对值进行比较,哪个方向数值大,就取哪个方向作为计数方向,即:

|Y|>|X|时,取 GY;

|X|>|Y|时,取 GX;

|X|=|Y|时,取 GX 或 GY 均可,但有些机床对此有专门规定。

② 加工圆弧时的计数方向 根据终点坐标的绝对值,哪个方向数值小,就取哪个方向为计数方向。此情况与直线段相反,即:

|Y|<|X|时,取 GY;

|X|<|Y|时,取 GX;

|X|=|Y|时,取 GX 或 GY 均可,有些机床对此也有专门规定。

(4) 计数长度 J 根据计数方向,选取直线段或圆弧在该方向上的投影总和(绝对值),单位为 μm。

例 2-1 加工图 2-34 的斜线 OA，终点 A 的坐标为 $(-2,3)$，试确定 G 和 J。

因为终点为 $A(-2,3)$，$|X| < |Y|$，计数方向取 GY；斜线 OA 在 Y 轴上的投影长度等于计数长度，即 J = 3 000 μm。

例 2-2 加工图 2-35 的圆弧 CD，C 点为加工起点，D 点为终点，试确定 G 和 J。

因为终点为 $D(4,-3)$，$|X| = 4\ 000\ \mu$m，$|Y| = 3\ 000\ \mu$m，$|X| > |Y|$，计数方向取 GY；J 为各象限的圆弧段在 Y 轴上的投影总和，即：

$$J = J_1 + J_2 = (5\ 000 + 3\ 000)\mu m + (5\ 000 + 4\ 000)\mu m = 17\ 000\ \mu m$$

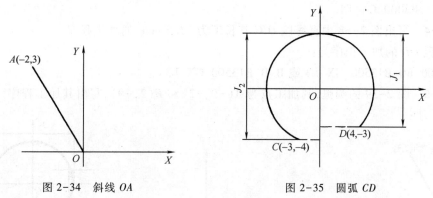

图 2-34 斜线 OA 图 2-35 圆弧 CD

（5）加工指令 Z   加工指令 Z 根据被加工图形的形状所在象限和走向等确定。控制台根据这些指令，进行偏差计算，控制进给方向。加工指令共有 12 种，如图 2-36 所示。

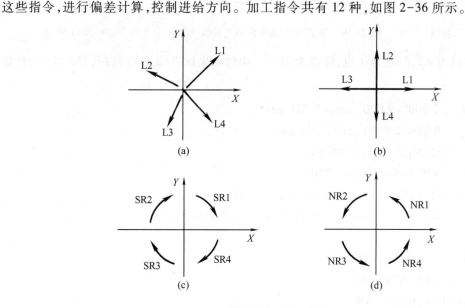

图 2-36 加工指令

加工直线段时，位于四个象限的斜线，分别用 L1、L2、L3、L4 表示，如图 2-36a 所示。若直线段与坐标轴重合，根据进给方向其加工指令按图 2-36b 选取。

加工圆弧时，加工指令根据圆弧的走向以及圆弧从起点开始向哪个象限运动来确定。

圆弧按顺时针插补时(见图 2-36c),分别用 SR1、SR2、SR3、SR4 表示;圆弧按逆时针插补时(见图 2-36d),分别用 NR1、NR2、NR3、NR4 表示。

例 2-3 加工图 2-37 的斜线 *OA*,终点 *A* 的坐标为(2,3),试写出其加工程序。

因终点坐标|X|＝2 000 μm,|Y|＝3 000μm,|Y|＞|X|,故计数方向取 GY;其计数长度 J＝|Y|＝3 000 μm;加工指令 Z 由图 2-36a 可知,取 L1。*OA* 斜线的加工程序为:

B2000 B3000 B3000 GY L1

或采用比值,则为:

B2 B3 B3000 GY L1

例 2-4 写出图 2-38 中直线段 *OB*(其长度为 13.5 mm)的加工程序。

直线段 *OB* 的加工程序为:

B13500 B0 B13500 GX L3 或 B B B13500 GX L3

例 2-5 图 2-39 的圆弧,其加工点为 *A*(−9,−2)和 *B*(2,−9),写出其加工程序。

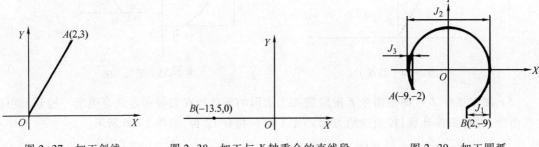

图 2-37 加工斜线　　　　图 2-38 加工与 X 轴重合的直线段　　　　图 2-39 加工圆弧

按顺时针方向为 *AB*,起点为 *A* 点,终点为 *B* 点。由终点坐标 *B*(2,−9)判断,|X|＜|Y|,计数方向取 GX;

圆弧半径:$R = \sqrt{2\,000^2 + 9\,000^2}$ mm＝9 220 μm

计数长度:J_1＝(9 220−2 000)μm＝7 220 μm

$\quad\quad\quad J_2$＝9 220 μm×2＝18 440 μm

$\quad\quad\quad J_3$＝(9 220−9 000)μm＝220 μm

则　　　　　$J = J_1 + J_2 + J_3$＝(7 220+18 440+220)μm＝25 880 μm

加工指令:因图形从第三象限起点开始运动,加工指令 Z 取 SR3。

其程序为:

B9000 B2000 B25880 GX SR3

按逆时针方向为 *BA*,其程序为:

B2000 B9000 B29440 GY NR4

2. 间隙补偿

在实际加工中,电火花线切割数控机床是通过控制电极丝的中心轨迹(图 2-40a)来加工凸模的,图 2-40 中的双点画线是实际加工时电极丝的中心轨迹。若按凸模图样尺寸加工,就会使凸模尺寸减小。这种由电极丝半径 *r*、放电间隙 δ(约为 0.01 mm)以及模具配合间隙 Z 引起的偏移距离,称为间隙补偿量 Δ*R*。

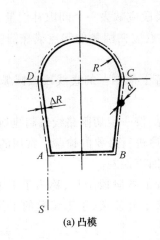

(a) 凸模

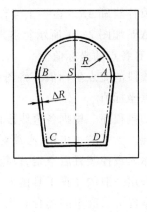

(b) 凹模

图 2-40　电极丝中心轨迹

（1）以凹模为基准配作凸模时，其间隙补偿量计算如下：

$$\Delta R_凹 = r + \delta$$

$$\Delta R_凸 = r + \delta + \frac{Z}{2}$$

（2）以凸模为基准加工凹模时，其间隙补偿量为：

$$\Delta R_凸 = r + \delta$$

$$\Delta R_凹 = r + \delta - \frac{Z}{2}$$

式中：$\Delta R_凸$ 为加工凸模时的间隙补偿量；

$\Delta R_凹$ 为加工凹模时的间隙补偿量。

在 3B 程序格式中无间隙补偿，编程时需将间隙补偿量 ΔR 计算到各程序段中，或在加工前将补偿量 ΔR 输入到数控装置中自动补偿。

3. 编程步骤

在编程前应了解电火花线切割数控机床的规格及主要技术参数、数控装置的功能及适应程序代码格式。要认真分析工件的图样，将图样分成若干条单一直线段或圆弧，求出各线段的交点坐标，采用增量尺寸逐段进行编程。具体步骤如下：

（1）正确选择穿丝孔和电极丝的切入位置。穿丝孔是电极丝切割的起点，也是程序的原点，设置穿丝孔可以防止凸模在加工时变形。图 2-41 中的 O 点为穿丝孔，其一般选在工件的基准点附近。

穿丝孔到工件轮廓线之间有一条引入线段 OA，引入线段的起点为电极丝的切入位置。

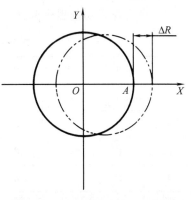

图 2-41　加工凹模时引入段 OA

编写引入线段的程序段，称为引入程序段，从原引入线路退出的程序段，称为引出程序段。

（2）确定切割路线。

（3）计算间隙补偿量 ΔR。在手工编程时，引入线段应减去一个间隙补偿量 ΔR，否则整个图形将会向右移动 ΔR，如图 2-41 所示。引入线段的终点应在圆弧的起点或在圆弧与直线段的交点处，这样便于计算各点的坐标值。

（4）求各直线段的交点坐标值。将图形分割成若干条单一的直线段或圆弧，按图样尺寸求出各直线段的交点坐标值。

（5）编制线切割程序。根据各直线段的交点坐标，按一定切割路线编制线切割程序。

（6）程序检验。为了防止出错，必须对线切割程序进行必要的检验。常用的方法是空运行，即将线切割程序输入数控装置后空走，以检查机床的回零误差。

以上工作若采用一般的计算工具由人工完成编程的各阶段工作，称为手工编程。手工编程多应用在被加工零件形状简单的场合。当工件的形状十分复杂、手工编程的工作量很大且出错率高时，就必须利用计算机编程（称为自动编程）。

4. 手工编程实例

在手工编程时，间隙补偿量 ΔR 加在程序段中的方法，称为人工补偿法；程序段的尺寸是图样的名义尺寸，间隙补偿由数控装置完成的方法，称为自动补偿法。

（1）人工补偿法　人工补偿法的各程序段中有间隙补偿量 ΔR。

例 2-6　编制图 2-42 中 10 mm×15 mm 样板的线切割程序，电极丝的直径为 0.18 mm，单边放电间隙为 0.01 mm。

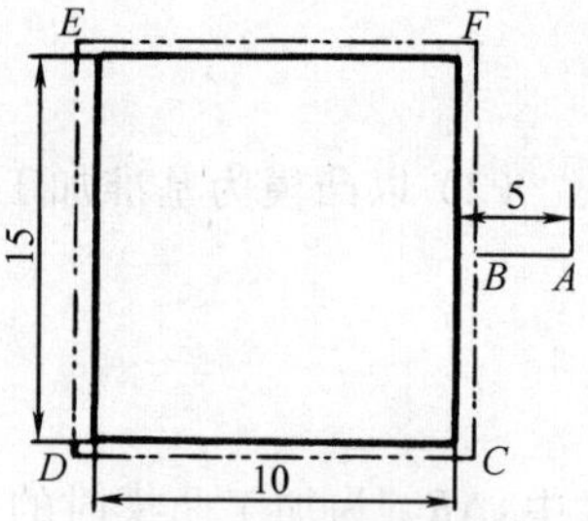

① 选择切割起点、确定切割路线。A 点为切割起点，切割路线为：

$$A \rightarrow B \rightarrow C \rightarrow D \rightarrow E \rightarrow F \rightarrow B \rightarrow A$$

其中 B 点为 CF 段中点。

② 确定间隙补偿量 ΔR：

$$\Delta R = \left(\frac{0.18}{2} + 0.01 \right) \text{ mm} = 0.10 \text{ mm}$$

电极丝的中心轨迹见图 2-42 中的双点画线。

③ 电火花线切割程序单见表 2-6。

图 2-42　编制样板加工程序示意图

表 2-6　电火花线切割程序单（3B 程序格式）

序号	B	X	B	Y	B	J	G	Z	备　注
1	B		B		B	4 900	GX	L3	AB 段引入程序段
2	B		B		B	7 600	GY	L4	BC 段
3	B		B		B	10 200	GX	L3	CD 段
4	B		B		B	15 200	GY	L2	DE 段
5	B		B		B	10 200	GX	L1	EF 段
6	B		B		B	7 600	GY	L4	FB 段
7	B		B		B	4 900	GX	L1	BA 段引出程序段

（2）自动补偿法　加工前,将间隙补偿量 ΔR 输入机床的数控装置。编程时,按图样的名义尺寸编制线切割程序,间隙补偿量 ΔR 不在程序段尺寸中,图形上所有非光滑连接处应加过渡圆弧修饰,使图形中不出现尖角。过渡圆弧的半径必须大于间隙补偿量 ΔR 。这样,在加工时数控装置能自动将过渡圆弧处增大或减小一个 ΔR 的距离,实行补偿,而直线段保持不变。

例 2-7　编制图 2-43 中凸凹模(图中尺寸为计算后的平均尺寸)的电火花线切割加工程序。电极丝的直径为 0.18 *mm*,单边放电间隙为 0.01 *mm*。

① 建立坐标系,确定穿丝孔位置。切割凸凹模时,不仅要切割外表面还要切割内表面,因此,加工顺序应先内后外,选取 $\phi20$ 的圆心 O 为凹模穿丝孔的位置,选取 B 点为凸模穿丝孔的位置。

② 确定间隙补偿量。

$$\Delta R = \left(\frac{0.18}{2} + 0.01 \right) \text{ mm} = 0.10 \text{ mm}$$

③ 计算交点坐标。将图形分成单一的直线段或圆弧,求 F 点的坐标值。F 点是直线段 FE 与圆的切点,其坐标值可通过图 2-44 求得:

$$\alpha = \arctan \frac{5}{60} = 4°46'$$

$$\beta = \alpha + \arccos \frac{R}{\sqrt{X_E^2 + Y_E^2}} = \alpha + \arccos \frac{25}{\sqrt{60^2 + 5^2}} = 70°14'$$

$$X_F = R\cos \beta = 8.4561 \text{ mm}$$

$$Y_F = R\sin \beta = 23.5255 \text{ mm}$$

其余交点坐标可直接由图形尺寸得到。

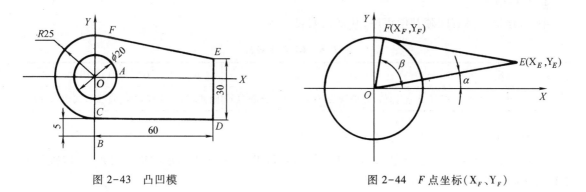

图 2-43　凸凹模　　　　　　　　　　　图 2-44　F 点坐标(X_F、Y_F)

④ 编写程序。采用自动补偿时,图形中直线段 OA 和 BC 为引入线段,需减去间隙补偿量 0.10 mm。其余线段和圆弧不需考虑间隙补偿。切割时,由数控装置根据补偿特征自动进行补偿,但在 D 点和 E 点需加过渡圆弧,取 $R = 0.15$ mm。

加工顺序为:先切割内孔,然后空走到外形 B 处,再按 $B→C→D→E→F→C$ 的顺序切割,其加工程序单见表 2-7。

表 2-7　凸凹模加工程序单（3B 程序格式）

序号	B	X	B	Y	B	J	G	Z	备　　注
1	B		B		B	9 900	GX	L1	穿丝切割，OA 段引入程序段
2	B	10 000	B		B	40 000	GY	NR1	内孔加工
3	B		B		B	9 900	GX	L3	AO 段
4								D	拆卸钼丝
5	B		B		B	30 000	GY	L2	空走
6								D	重新装丝
7	B		B		B	4 900	GY	L2	BC 段
8	B	59 850	B	0	B	59 850	GX	L1	CD 段
9	B	0	B	150	B	150	GY	NR4	D 点过渡圆弧
10	B	0	B	29 745	B	29 745	GY	L2	DE 段
11	B	150	B	0	B	150	GX	NR1	E 点过渡圆弧
12	B	51 445	B	18 491	B	51 445	GX	L2	EF 段
13	B	84 561	B	23 526	B	58 456	GX	NR1	FC 圆弧
14	B		B		B	4 900	GY	L4	CB段引出程序段
15								D	加工结束

（二）4B 程序格式编制

1. 程序格式

4B 程序格式是有间隙补偿程序，其格式见表 2-8。

表 2-8　4B 程序格式

B	X	B	Y	B	J	B	R	G	D 或 DD	Z
分隔符号	X坐标值	分隔符号	Y坐标值	分隔符号	计数长度	分隔符号	圆弧半径	计数方向	曲线形式	加工指令

与 3B 程序格式相比，4B 程序格式多两项程序字：

（1）圆弧半径 R　　R 通常是图形尺寸已知的圆弧半径，若加工图形中出现尖角时，取圆弧半径 R 大于间隙补偿量 ΔR 的圆弧过渡。

（2）曲线形式 D 或 DD　　凸圆弧用 D 表示，凹圆弧用 DD 表示。

与 3B 程序格式相比，4B 程序格式有间隙补偿，使加工具有很大灵活性。其补偿过程是通过数控装置偏移计算完成的。在补偿过程中：把圆弧半径加大，称为正补偿；把圆弧半径减小，称为负补偿。如图 2-45 中，当输入凸圆弧 DE 加工程序以后（程序中填入 D），机床

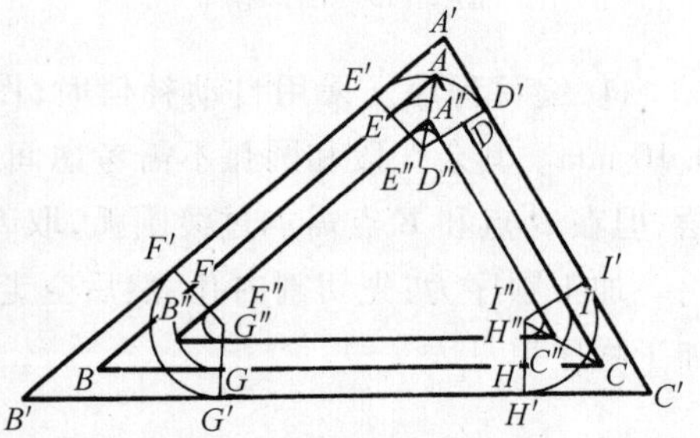

图 2-45　间隙补偿示意图

能自动把它变成 $D'E'$ 程序（正补偿）或变成 $D''E''$ 的程序（负补偿）。补偿过程中直线段尺寸不变,只要改变图形中的圆弧段加工程序,就可得到不同尺寸零件 $D'E'F'G'H'I'$ 和 $D''E''F''G''H''I''$。4B 程序格式可满足模具零件的一些配合要求,在同一加工程序的基础上能完成凸模、凹模、卸料板等加工。

2. 间隙补偿程序的引入、引出程序段

利用间隙补偿功能,可以用特殊的编程方式来编制不加过渡圆弧的引入、引出程序段。若图形的第一条加工程序加工的是斜线,引入程序段指定的引入线段必须与该斜线垂直;若是圆弧,引入程序段指定的引入线段应沿圆弧的径向进行（见图 2-46 的引入线段 OA）。数控装置将引入、引出程序段的计数长度 J 修改为 $J-\Delta R$,这样就能很方便地实现引入、引出程序段沿规定方向增加或减少 ΔR 进行自动补偿。编程时,在引入、引出程序段中可以不考虑偏移量（间隙补偿量 ΔR）。

3. 编程实例

例 2-8　图 2-46 为凸模设计图,图中的所有尺寸都为图样名义尺寸,现要求凹模按凸模配作,保证双边配合间隙 $Z = 0.04$ mm,试编制凸模和凹模的电火花线切割加工程序（电极丝为 $\phi0.12$ 的钼丝,单边放电间隙为 0.01 mm）。

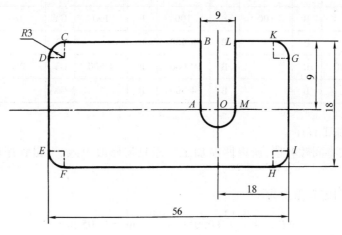

图 2-46　凸模的平均尺寸

（1）编制凸模加工程序。

建立坐标系并计算出平均尺寸后,选取穿丝孔为 O 点,加工顺序为:

$$O \rightarrow A \rightarrow B \rightarrow C \rightarrow D \rightarrow E \rightarrow F \rightarrow H \rightarrow I \rightarrow G \rightarrow K \rightarrow L \rightarrow M \rightarrow A \rightarrow O$$

确定间隙补偿量:

$$\Delta R_凸 = \left(\frac{0.12}{2} + 0.01 \right) \text{mm} = 0.07 \text{ mm}$$

加工前将间隙补偿量输入数控装置。图形上 B 点、L 点处需加过渡圆弧,其半径应大于间隙补偿量（取 $r = 0.10$ mm）。

凸模加工程序单见表 2-9。

表 2-9　凸模加工程序单（4B 程序格式）

序号	B	X	B	Y	B	J	B	R	G	D(DD)	Z	备注
1	B		B		B	4 500	B		GX		L3	引入程序段
2	B		B		B	8 900	B		GY		L2	
3	B	100	B		B	100	B	100	GX	D	NR1	过渡圆弧
4	B		B		B	30 400	B		GX		L3	
5	B		B	3 000	B	3 000	B	3 000	GY	D	NR2	
6	B		B		B	12 000	B		GY		L4	
7	B	3 000	B		B	3 000	B	3 000	GX	D	NR3	
8	B		B		B	50 000	B		GX		L1	
9	B		B	3 000	B	3 000	B	3 000	GY	D	NR4	
10	B		B		B	12 000	B		GY		L2	
11	B	3 000	B		B	3 000	B	3 000	GX	D	NR1	
12	B		B		B	10 400	B		GX		L3	
13	B		B	100	B	100	B	100	GY	D	NR2	过渡圆弧
14	B		B		B	8 900	B		GY		L4	
15	B	4 500	B		B	9 000	B	4 500	GY	DD	SR4	
16	B		B		B	4 500	B		GX		L1	引出程序段

（2）编制凹模加工程序。

因 4B 程序格式有间隙补偿，所以凹模加工程序只需修改引入、引出程序段，其他程序段与凸模加工程序相同。

加工凹模时的间隙补偿量为：

$$\Delta R_{凹} = \left(\frac{0.12}{2} + 0.01 - \frac{0.04}{2} \right) \text{mm} = 0.05 \text{ mm}$$

（三）ISO 代码数控程序编制

1. 概述

在我国的电火花线切割加工的编程中，目前广泛使用的是 3B、4B 程序格式，为了便于加强交流，按照国际统一规范——ISO 代码进行自动编程是今后数控加工的必然趋势。

2. 程序段格式和程序格式

（1）程序段格式　程序段是由若干个程序字组成的，其格式如下：

N__　G__　X__　Y__

字是组成程序段的基本单元，一般都是由一个英文字母加若干位 10 进制数字组成的（如：X8000），这个英文字母称为地址字符。不同的地址字符表示的功能也不一样（表 2-10）。

表 2-10　地址字符表

功　能	地　址	意　义
顺序号	N	程序段号
准备功能	G	指令动作方式
尺寸字	X、Y、Z	坐标轴移动指令
	A、B、C、U、V	附加轴移动指令
	I、J、K	圆弧中心坐标
锥度参数字	W、H、S	锥度参数指令
进给速度	F	进给速度指令
刀具功能	T	刀具编号指令（切削加工）
辅助功能	M	机床开/关及程序调用指令
补偿字	D	间隙及电极丝补偿指令

① 顺序号　位于程序段之首,表示程序段的序号,后续数字 2～4 位。如 N03、N0010。

② 准备功能 G　准备功能 G(以下简称 G 功能)是建立机床或控制系统工作方式的一种指令,其后续有两位正整数,即 G00～G99。

③ 尺寸字　尺寸字在程序段中主要是用来指令电极丝运动到达的坐标位置。电火花线切割加工常用的尺寸字有 X、Y、U、V、A、I、J 等。尺寸字的后续数字在要求代数符号时应加正负号,单位为 μm。

④ 辅助功能 M　由 M 功能指令及后续的两位数字组成,即 M00～M99,用来指令机床辅助装置的接通或断开。

（2）程序格式　一个完整的加工程序由程序名、程序的主体（若干程序段）和程序结束指令组成,如

P10

N01　G92　X0　Y0

N02　G01　X5000　Y5000

N03　G01　X2500　Y5000

N04　G01　X2500　Y2500

N05　G01　X0　Y0

N06　M02

① 程序名　由文件名和扩展名组成。程序的文件名可以用字母和数字表示,最多可用 8 个字符,如 P10,但文件名不能重复。扩展名最多用 3 个字母表示,如 P10. CUT。

② 程序的主体　程序的主体由若干程序段组成,如上面加工程序中 N01～N05 段。在程序的主体中又可分为主程序和子程序。将一段重复出现的、单独组成的程序,称为子程序。子程序取出命名后单独储存,即可重复调用。子程序常应用在某个工件上有几个相同型面的加工中。调用子程序所用的程序,称为主程序。

③ 程序结束指令 M02　M02 指令安排在程序的最后,单列一段。当数控系统执行到 M02 程序段时,就会自动停止进给并使数控系统复位。

3. ISO 代码及其编程

表 2-11 是电火花线切割数控机床常用 ISO 代码。

表 2-11　电火花线切割数控机床常用 ISO 代码

代码	功　能	代码	功　能
G00	快速定位	G55	加工坐标系 2
G01	直线插补	G56	加工坐标系 3
G02	顺圆插补	G57	加工坐标系 4
G03	逆圆插补	G58	加工坐标系 5
G05	X 轴镜像	G59	加工坐标系 6
G06	Y 轴镜像	G80	接触感知
G07	X、Y 轴交换	G82	半程移动
G08	X 轴镜像,Y 轴镜像	G84	微弱放电找正
G09	X 轴镜像,X、Y 轴交换	G90	绝对尺寸
G10	Y 轴镜像,X、Y 轴交换	G91	增量尺寸
G11	Y 轴镜像,X 轴镜像,X、Y 轴交换	G92	定起点
G12	消除镜像	M00	程序暂停
G40	取消间隙补偿	M02	程序结束
G41	左偏间隙补偿	M05	接触感知解除
G42	右偏间隙补偿	M96	主程序调用文件程序
G50	消除锥度	M97	主程序调用文件结束
G51	锥度左偏	W	下导轮到工作台面高度
G52	锥度右偏	H	工件厚度
G54	加工坐标系 1	S	工作台面到上导轮高度

（1）快速定位指令 G00　在机床不加工情况下,G00 指令可使指定的某轴以最快速度移动到指定位置,其程序段格式为:

G00　X ___ 　Y ___

例如,图 2-47 中快速定位到线段终点的程序段格式为:

G00　X60000　Y80000

注意:如果程序段中有了 G01 或 G02 指令,则 G00 指令无效。

（2）直线插补指令 G01　该指令可使机床在各个坐标平面内加工任意斜率直线轮廓和用直线段逼近曲线轮廓,其程序段格式为:

G01　X ___ 　Y ___

例如,图 2-48 中直线插补的程序段格式为:

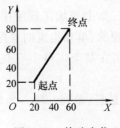

图 2-47　快速定位

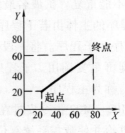

图 2-48　直线插补

G92　X20000　Y20000

G01　X80000　Y60000

目前,可加工锥度的电火花线切割数控机床具有 X、Y 坐标轴及 U、V 附加轴的工作台,其程序段格式为:

G01　X__　Y__　U__　V__

(3) 圆弧插补指令 G02、G03　G02 为顺时针插补圆弧指令,G03 为逆时针插补圆弧指令。

用圆弧插补指令编写的程序段格式为:

G02　X__　Y__　I__　J__

G03　X__　Y__　I__　J__

程序段中:X、Y 分别表示圆弧终点坐标;I、J 分别表示圆心相对圆弧起点的在 X、Y 方向的增量尺寸。

例如,图 2-49 中圆弧插补的程序段格式为:

G92　X10000　Y10000　　　　　　　　起切点 A

G02　X30000　Y30000　I20000　J0　　　$\overset{\frown}{AB}$

G03　X45000　Y15000　I15000　J0　　　$\overset{\frown}{BC}$

(4) 指令 G90、G91、G92　G90 为绝对尺寸指令。表示该程序段中的编程尺寸是按绝对尺寸给定的,即移动指令终点坐标值 X、Y 都是以工件坐标系原点(程序的零点)为基准来计算的。

G91 为增量尺寸指令。该指令表示程序段中的编程尺寸是按增量尺寸给定的,即坐标值均以前一个坐标位置作为起点来计算下一点位置值。3B、4B 程序格式均按此方法计算坐标点。

G92 为定起点坐标指令。G92 指令中的坐标值为加工程序的起点的坐标值(如图 2-49 中的 A 点),其程序段格式为:

G92　X__　Y__

例如,加工图 2-50 中的零件,按图样尺寸编程:

用 G90 指令编程:

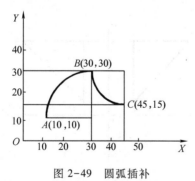

图 2-49　圆弧插补　　　　　　　　　图 2-50　插补

A1　　　　　　　　　　　　　　　　　;程序名

N01　G92　X0　Y0　　　　　　　　　;确定加工程序起点 0 点

N02　G01　X10000　Y0　　　　　　　;$O{\rightarrow}A$

N03	G01	X10000	Y20000			;$A \rightarrow B$
N04	G02	X40000	Y20000	I15000	J0	;$B \rightarrow C$
N05	G01	X30000	Y0			;$C \rightarrow D$
N06	G01	X0	Y0			;$D \rightarrow O$
N07	M02					;程序结束

用 G91 指令编程：

A2						;程序名
N01	G92	X0	Y0			
N02	G91					;以下为增量尺寸编程
N03	G01	X10000	Y0			
N04	G01	X0	Y20000			
N05	G02	X30000	Y0	I15000	J0	
N06	G01	X-10000	Y-20000			
N07	G01	X-30000	Y0			
N08	M02					

（5）镜像及交换指令 G05、G06、G07、G08、G10、G11、G12。

G05 为 X 轴镜像，函数关系式：$X = -X$

G06 为 Y 轴镜像，函数关系式：$Y = -Y$

在图 2-51 中，直线 OA 对 X 轴镜像为 OA''，对 Y 轴镜像 OA'。在加工模具零件时，常遇到所加工零件上的图形是对称的（如多孔凹模）。例如，编制图 2-52 中的 ABC 和 $A'B'C'$ 的加工程序时，可以先编制其中一个，然后通过镜像交换指令即可得到另一个。

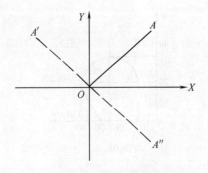

图 2-51 X 轴、Y 轴镜像

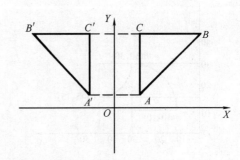

图 2-52 G05 指令

G12 为消除镜像指令。凡有镜像交换指令的程序，都需用 G12 作为该程序的消除指令。其他镜像及其交换指令功能见表 2-11。

（6）间隙补偿指令 G40、G41、G42。

G41 为左偏补偿指令，其程序段格式为：

G41   D __

G42 为右偏补偿指令,其程序段格式为:

G42   D __

程序段中的 D 表示间隙补偿量,其计算方法与前面方法相同。

注意:左偏、右偏是沿加工方向看,电极丝在加工图形左边为左偏;电极丝在右边为右偏,如图 2-53 所示。

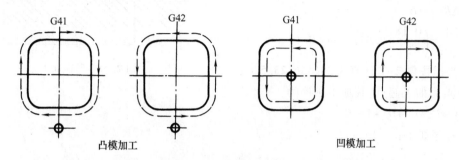

图 2-53   间隙补偿指令

（7）锥度加工指令 G50、G51、G52   在目前的一些电火花线切割数控机床上,锥度加工都是通过装在上导轮部位的 U、V 附加轴工作台实现的。加工时,控制系统驱动 U、V 附加轴工作台,使上导轮相对于 X、Y 坐标轴工作台平移,以获得所要求的锥角。用此方法可以解决凹模的漏料问题。

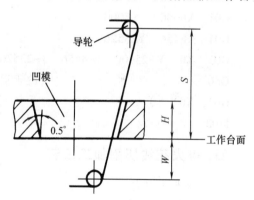

G51 为锥度左偏指令,即沿走丝方向看,电极丝向左偏离。顺时针加工,锥度左偏加工的工件为上大下小;逆时针加工,左偏时工件上小下大。锥度左偏指令的程序段格式为:

G51   A __

G52 为锥度右偏指令,用此指令顺时针加工,工件为上小下大;逆时针加工,工件为上大下小。锥度右偏指令的程序段格式为:

G52   A __

程序段中:A 表示锥度值;G50 为取消锥度指令。

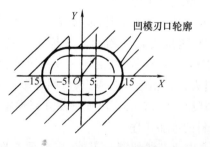

例如,图 2-54 中的凹模锥度加工指令的程序段格式为“G51   A0.5”。加工前还需输入工件及工作台参数指令 W、H、S（功能见表 2-11）。

4.编程实例

图 2-54   凹模锥度加工

例 2-9 在图 2-55 所示的落料凹模的加工中，电极丝直径为 0.18 mm，单边放电间隙为 0.01 mm，图中的凹模尺寸为计算后平均尺寸。试编制其加工程序。

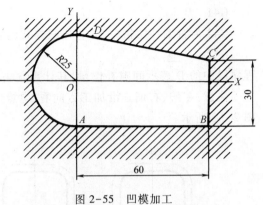

图 2-55 凹模加工

建立坐标系并按图样平均尺寸计算轮廓交点坐标及圆心坐标。间隙补偿量为：

$$\Delta R = r + \delta$$
$$= \left(\frac{0.18}{2} + 0.01 \right) \text{ mm} = 0.10 \text{ mm}$$

D 点坐标按例 2-7 计算为 $(8.456, 23.526)$。

选 O 点为加工起点，其加工顺序为：

$O \rightarrow A \rightarrow B \rightarrow C \rightarrow D \rightarrow A \rightarrow O$

加工程序如下：

```
P1
G92   X0   Y0
G41   D100                   ;应放于切入线之前
G01   X0   Y−25000
G01   X60000   Y−25000
G01   X60000   Y5000
G01   X8456   Y23526
G03   X0   Y−25000   I−8456   J−23526
G40                          ;放于退出线之前
G01   X0   Y0
M02
```

四、电火花线切割加工工艺

(一) 坯料的准备

1. 工件材料及毛坯

在快走丝线切割加工时，通常淬火钢、铜、铝等材料加工较稳定，而切割不锈钢、硬质合金等材料时，切割速度慢且易断丝。冲模工件通常采用一些热处理变形小、淬透性好的材料，如 Cr12、Cr12MoV、9CrSi 等，其毛坯一般为锻件。由于受到材料应力的影响，毛坯要进行适当的热处理（如退火），以消除残余应力，否则将影响加工精度。如：T10 钢的淬透性差、内应力大，在电火花线切割加工时，有时会出现突然开裂现象。

2. 坯料的准备工序

坯料在电火花线切割加工前，应合理安排工序，从而达到零件精度要求。坯料的准备工序如下：

下料→锻造→退火→刨削平面→磨削平面→划线→铣漏料孔→孔加工→淬火→低温回火→磨削平面

（二）工艺参数的选择

1. 脉冲参数的选择

脉冲参数主要有加工电流、脉宽、脉冲间隔比等,这些参数对电火花线切割加工效率和工件表面质量都会产生一定影响。

（1）加工电流的选择　加工电流选择合适时有利于提高加工速度。电流过大或过小,都会使加工速度慢、加工状态不稳定。加工时投入功放管数量愈多,加工电流就愈大。较厚的工件应选择较大加工电流。

（2）脉宽 t_i 的选择　脉宽 t_i 的大小对表面粗糙度参数可产生一定的影响。脉宽愈大,单个脉冲的能量就愈大,切割效率就愈高,表面粗糙度值就愈大。一般模具零件加工宜选较小脉宽（表 2-12）。

表 2-12　快走丝电火花线切割脉宽的选择

脉宽 $t_i/\mu s$	5	10	20	40
表面粗糙度值 $Ra/\mu m$	2.0	2.5	3.2	4.0

（3）脉冲间隔比的选择　脉冲间隔比 t_0/t_i（t_0 是脉冲间隔,t_i 是脉冲宽度）受工件厚度影响。工件厚度大,电火花线切割加工排屑时间就长,需要的脉冲间隔时间也就长（表 2-13）。

表 2-13　快走丝电火花线切割脉冲间隔比的选择

工件厚度/mm	10	20	30	40	50	60	70	80	90~500
脉冲间隔比 t_0/t_i	4	4	4	4	5	6	7	8	8
功放管数 n	≥1	≥2	≥3	≥4	≥5	≥6	≥7	≥8	9

注:功放管数增多,则加工电流增大。

2. 电极丝的选择

电极丝材质应均匀并具有良好的抗电蚀性及较高的抗拉强度。常用的电极丝有钼丝、钨丝、铜丝等。钨丝用于窄缝精加工,价格昂贵;铜丝适于慢走丝加工,加工精度高,表面质量好,蚀屑附着少;钼丝常用于快走丝加工,直径在 0.08~0.22 mm 范围内,抗拉强度高,应用广泛。

3. 工作液的选择

工作液对切割速度、表面质量、加工精度的影响都很大。常用的工作液有去离子水和乳化液。

慢走丝线切割普遍使用去离子水,还可以加入导电液来提高切割速度;快走丝线切割常用的乳化液为 DX-1、TM-1、502 型等。

（三）工件的装夹与调整

1. 工件的装夹

装夹工件时应保证工件图形在坯料上有合适的位置,避免电极丝切割毛坯或工作台。常见的工件装夹方法有悬臂式（图 2-56）、桥式支撑（图 2-57）和板式支撑（图 2-58）装夹。

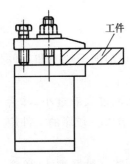
图 2-56　悬臂式

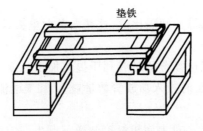
图 2-57　桥式支撑

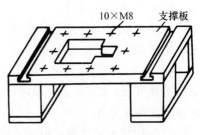
图 2-58　板式支撑

悬臂式装夹方便、简单,但易产生切割面垂直度误差,仅用于加工精度要求不高的零件;桥式支撑装夹的支撑板可沿 T 形槽移动,定位精度高,适用范围广;板式支撑装夹采用有通孔的支撑板装夹工件,这种方式装夹精度高但通用性差。

2. 工件的调整

通过上述方法装夹的工件,还必须经过适当的调整,使工件的定位基准面分别与工作台的 X、Y 方向保持平行,以保证加工面与基准面的位置精度。常用的方法有:

(1) 用百分表找正　将磁力表架固定在丝架上,百分表的测量头与工件基面接触,往复移动滑板,直至百分表的指针摆动范围符合要求值,如图 2-59 所示。

(2) 划线找正　当工件切割图形与定位基准之间的相互位置精度要求不高时,可利用固定在丝架上的划针对正工件上所划的基准线,往复移动滑板,目测划针与基准的偏离程度将工件调整到正确位置,如图 2-60 所示。

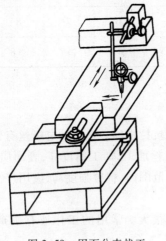

图 2-59　用百分表找正

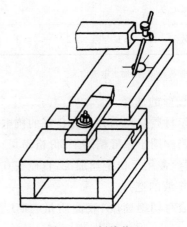
图 2-60　划线找正

(四) 电极丝的位置调整

电火花线切割加工之前,应将电极丝调到加工起点位置上。常用的方法有:

1. 目测法

通过目测(或借助放大镜)观察电极丝与基准之间的位置进行调整。如图 2-61 所示,利用穿丝孔处所划十字基准线,观察电极丝的中心与工件坐标轴 X、Y 方向基准线是否重合。此方法用于加工要求较低的工件。

2. 碰火花法

如图 2-62 所示,移动工作台使电极丝靠近基准面,直到出现火花,根据放电间隙推算电极丝的坐标位置。应用此方法时,要注意基准面的表面质量(如有毛刺或表面不垂直),否则易误判。

3. 自动找中心法

如图 2-63 所示,自动找正法的原理是:先沿 X 方向分别碰 B、C 点处产生火花,由 B、C 两点坐标计算出对称轴 Y 的位置,再沿 Y 轴按同样方法求出中心点的坐标。目前,有些电火花线切割数控机床具备自动找正功能。

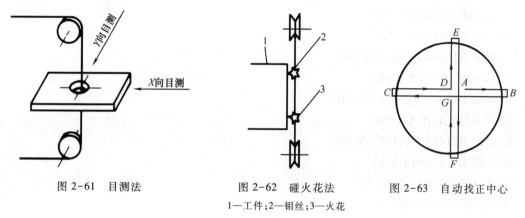

图 2-61 目测法　　　　图 2-62 碰火花法　　　图 2-63 自动找正中心

1—工件;2—钼丝;3—火花

五、电火花线切割综合实例——挤出机头口模加工

1. 口模零件图(图 2-64)

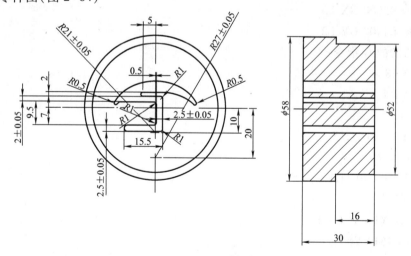

图 2-64 机头口模零件图

2. 工艺过程

备料——锻造——热处理——粗车——精车——热处理——磨——电火花线切割

3. 设定原点

将原点设在口模的中心。穿丝孔位置在(0,-8)处。

4. 编制程序

（1）线切割的 3B 程序：

B0 B1400 B1400 GY L4

B11250 B0 B11250 GX L3

B0 B1150 B2299 GX SR3

B10750 B0 B10750 GX L1

B0 B1100 B1100 GY NR4

B0 B7500 B7500 GY L2

B1100 B0 B1100 GX NR1

B14455 B0 B14455 GX L3

B14955 B22600 B1564 GX NR2

B244 B317 B713 GY SR4

B17090 B12030 B17739 GY SR2

B327 B230 B716 GX SR1

B16520 B21483 B11337 GX NR1

B10182 B0 B7000 GX L3

B0 B1100 B2200 GX NR2

B7000 B0 B7000 GX L1

B0 B900 B900 GY SR1

B0 B12000 B12000 GY L4

B900 B0 B900 GX SR4

B2000 B0 B2000 GX L3

B0 B1400 B1400 GY L2

（2）线切割的 G 指令：

G92 X0 Y−8

G01 X0 Y1.4

G01 X−11.25

G02 X0 Y2.3 I0 J1.15

G01 X10.75 Y0

G03 X1.1 Y1.1 I0 J1.1

G01 X0 Y7.5

G03 X−1.1 Y1.1 I−1.1 J0

G01 X−14.4549 Y0

G03 X−1.5646 Y−1.1171 I14.9594 J−22.60

G02 X−0.5709 Y0.543 I−0.2438 J−0.3171

G02 X34.1809 Y0 I17.0409 J−12.0302

G02 X−0.5709 Y−0.5437 I−0.3271 J−0.2302

G03 X−11.3378 Y5.1171 I−16.5195 J−21.4829

G01 X-10.1817 Y0

G03 X0 Y-2.2 I0 J-1.1

G01 X7

G02 X0.9 Y-0.9 I0 J-1.1

G01X0 Y-12

G02 X-0.9 Y-0.9 I-0.9 J0

G01 X-2 Y0

G01 X0 Y1.4

M0

六、电火花线切割加工过程中特殊故障的排除

1. 脉冲电源无输出

① 检查交流电源是否接通。

② 检查脉冲电源输出线接触是否良好,有否断线。

③ 检查功率输出回路是否有断点,功率管是否烧坏,功率级整流电路是否有直流输出。

④ 检查推动级是否有脉冲输出,如无输出,则向前逐级检查,看主振级有无脉冲输出。

⑤ 检查走丝换向时停脉冲电源的继电器是否工作正常。

⑥ 检查低压电流电源是否有直流输出。

2. 间隙电流过大

当间隙放电时,电流表读数比正常时明显过大,出现电弧放电现象,在间隙短路时有大电流通过等状况,则应该:

① 检查功率管是否击穿或漏电流变大。

② 检查是否因推动级前面有中、小功率管损坏,而造成功率级全导通。

③ 检查主振级改变脉冲宽度或脉冲间隔的电阻或电容是否损坏,而造成短路或开路,致使末级脉宽变大或间隙变小。

3. 脉冲宽度或脉冲间隔发生变化

① 检查主振级改变脉冲宽度或脉冲间隔的电阻或电容是否损坏。

② 检查各级间耦合电容或电阻是否损坏或变化。

③ 检查是否有其他干扰。

4. 波形畸变

① 检查功率管是否特性变坏或漏电流变大。

② 检查推动级前面各级波形,确定畸变级,再看此级管子或元件是否损坏。

③ 检查是否有其他干扰。

思 考 题

1. 电火花加工的基本原理是什么?

2. 利用电火花加工模具零件有哪些特点?

3. 电火花加工的过程有哪几个阶段?

4. 影响电火花加工精度及生产率的因素有哪些？

5. 用电火花加工凹模型孔时电极结构有哪些形式？

6. 冲模型孔的电火花加工有何优点？在什么情况下凹模型孔采用电火花加工？

7. 常用凹模型腔电火花加工的方法有哪些？

8. 何为电规准？其如何选择及转换？

9. 设计制作注射模型腔电火花加工的电极并计算其尺寸。

10. 写出电火花加工凹模型孔之前，凹模毛坯的准备工序。

11. 简述电火花线切割加工原理及特点。

12. 电火花线切割加工前要进行哪些工艺准备？

13. 电火花线切割加工程序中，3B 和 4B 程序格式的区别是什么？

14. 采用 3B 程序格式，试编制习题图 2-1 中各线段电火花线切割的加工程序。

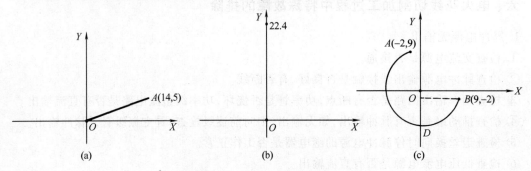

习题图 2-1　编制电火花线切割的加工程序

15. 计算习题图 2-2 中凹模型孔的电极尺寸。

16. 编制习题图 2-2 凹模的电火花线切割加工程序（采用 3B 格式自动补偿法）。

17. 编制加工冲裁模的凸模和凹模的程序。冲裁件如习题图 2-3 所示，其双边配合间隙 $Z = 0.02$ mm，采用钼丝的直径 $d = 0.12$ mm，电火花单边放电间隙 $\delta = 0.01$ mm。

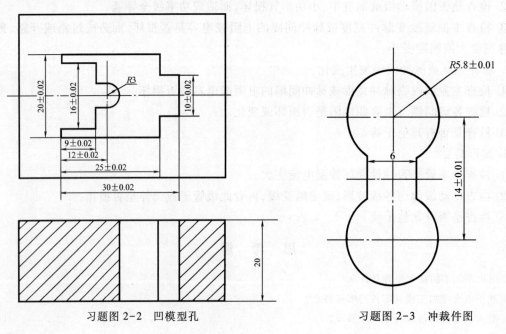

习题图 2-2　凹模型孔　　　　　　　习题图 2-3　冲裁件图

第三章 特种加工

在模具制造中,对形状复杂的型腔凸模和凹模型孔等零件的加工工艺,以机械加工和电加工为主;另有一部分零件,可采用超声加工、化学及电化学加工、电解磨削、挤压成形、超塑成形、铸造成形、合成树脂模加工等方法。

第一节 超声加工

超声加工是随着机械制造与仪器制造中各种脆性材料和难以加工材料的不断出现而发展起来的一种新的加工方法,是当前国内外模具行业广泛应用的制造技术。

一、超声加工的基本原理和特点

频率超过 16 000 Hz 的波为超声波。超声波具有频率高、波长短和传递能量很强的特性。当超声波经过液体介质传播时,将以极高的频率压迫液体质点振动,连续形成压缩和稀疏区域,产生液压冲击及空化现象,引起邻近固体物质发生分散、破碎等效应。

（一）超声加工基本原理

超声加工是利用工具端面作超声频振动,迫使磨料悬浮液对硬脆材料表面进行加工的一种成形方法。超声加工原理示意图如图 3-1 所示。抛光时,工具 2 和工件 1 之间加入由磨料和工作液组成的磨料悬浮液 6,工具以较小的压力压在工件表面上。超声换能器 4 通入 50 Hz 的交流电,产生 16 000 Hz 以上的超声频纵向振动,并借助变幅杆 3 把位移振幅放大到 0.02～0.08 mm,驱使工具端面作超声频振动,迫使工作液中的悬浮磨料以很大的速度和加速度不断地撞击和抛磨被加工表面,使被加工表面的材料不断遭到破坏而变成粉末,起到微切削作用。虽然每次打击下来的粉末很少,但由于打击的频率很高,所以仍能保持一定的加工速度。超声加工的主要作用是磨料在超声频振动下的机械撞击和抛磨,其次是工作液中的"空化"作用加速了抛光和加工效率。所谓的"空化"作用是当产生面冲击时,促使工作液钻入被加工表面的微裂处,加速了机械破坏作用,在超声频振动的某一瞬间,工作液又以很大的加速度离开工件表面,使工件表面微细裂纹间隙形成负压和局部真空。同时在

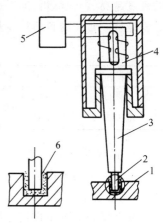

图 3-1 超声加工原理
1—工件;2—工具;
3—变幅杆;4—超声换能器;
5—超声发生器;6—磨料悬浮液

工作液内也形成很多微空腔,当工具端面以很大的加速度接近工件表面时,迫使空腔闭合,引起极强的液压冲击波,强化了加工过程。

（二）超声加工的特点

（1）适合加工硬脆材料,特别是不导电的非金属材料(如玻璃、石英、陶瓷、宝石、金刚石)、

各种半导体材料及导电的硬质金属材料(如淬火钢、硬质合金等)。

（2）可采用比工件软的材料做成形状复杂的工具，加工时工具和工件不需作比较复杂的相对运动。因此，超声加工设备的结构简单，操作、维修方便。

（3）去除加工余量靠极小的磨料瞬时局部的撞击作用。工具对工件加工表面宏观作用小、热影响小，不会引起变形和烧伤。表面粗糙度值 Ra 为 $0.63 \sim 0.08\ \mu m$ 或更低，加工精度可达 $0.01 \sim 0.02\ mm$。

二、超声加工的工具、磨料及循环系统

1. 工具

工具的几何形状和尺寸决定于被加工表面的形状和尺寸。工具的结构尺寸、自重大小与变幅杆连接好坏，对超声频振动系统的共振频率和工作性能影响较大。工具的形状、尺寸和制造质量都对工件的加工精度有直接影响。

工具和变幅杆的连接必须可靠，连接面要紧密接触，否则超声波在传递过程中将损失很多的能量。工具和变幅杆一般都采用螺纹连接或锡焊连接。螺纹连接处要涂以凡士林油，绝不能存在空气间隙，以保证声能的有效传递。

工具的材料一般用 45 钢或碳素工具钢制造。

2. 磨料

磨料是根据工件的材料及加工要求进行选择的。在加工硬度较高的脆性材料(硬质合金和淬硬钢等)时，可采用人造金刚石或碳化硼；加工硬度不太高的脆性材料时可选用碳化硅。磨料的硬度越高、颗粒越粗，加工速度就越快，但加工的表面质量差。磨料颗粒越小，加工后的表面质量就越好。常用磨料的粒度及基本磨料尺寸范围见表 3-1。

表 3-1　磨料粒度及基本磨粒尺寸范围

磨料粒度	120#	150#	180#	240#	280#	W40	W28	W20	W14	W10	W7
基本磨粒尺寸范围/μm	125~100	100~80	80~63	63~50	50~40	40~28	28~20	20~14	14~10	10~7	7~5

3. 循环系统

进行简单的超声加工时，磨料是靠人工输送和更换的。在加工前将磨料悬浮液浇注在加工区，加工过程中定时抬起工具补充磨料，或用小型离心泵将磨料悬浮液搅拌后浇入加工间隙中去。对深度较大的工件进行加工时，可从工具和变幅杆中空部分向外抽吸磨料悬浮液，进行强制循环，以提高加工速度。

三、超声抛光工艺

超声抛光是超声加工的一种形式。它是由振动工具推动磨粒冲击工件表面，降低被加工表面的表面粗糙度值、提高加工精度的有效方法。超声抛光工艺特别适用于硬度高、形状复杂、带有窄缝、深槽的型腔表面，抛光时阻力小、精度高。它是一种缩短模具制造周期、提高质量、减轻劳动强度的模具型腔光整加工工艺。其工艺过程如下：

1. 抛光前工件的准备

型腔抛光前,要应用其他加工方法先加工出符合图样形状、尺寸要求的型腔。为了达到较高的加工要求,型腔抛光的加工余量与抛光前被抛光表面的质量及抛光后的表面质量要求有关。如电火花加工后的模具型腔表面,其最小抛光余量应大于电火花加工后表面电蚀凹坑深度或加工变化层厚度,以便将热影响层去除。所以,用粗规准进行电火花加工后抛光表面的抛光余量为0.15 mm 左右。用精规准加工后的表面抛光余量为 0.02~0.05 mm。对要求较高的型腔抛光前的表面粗糙度值 Ra 应达到 1.6~0.8 μm。

2. 抛光工具的制造及装夹

对于已制造好的工具要用粘合、焊接或机械固定的方式将其固定在变幅杆端部。机械固定时,要将各接触面用凡士林油密封。

3. 抛光磨料、工作液的配制

磨料的种类和颗粒的直径、磨料悬浮工作液的成分,对抛光速度和抛光后的精度及表面粗糙度有着直接影响。一般磨料颗粒粒径越小,被抛光物的精度就越高,表面粗糙度值就越小。磨料硬度高、颗粒粗,则抛光速度就快。在加工硬度不高的工件时,可用碳化硼或碳化硅作为磨料。加工硬度很高的工件时,可用人造金刚石作为磨料。磨料粒度与抛光表面粗糙度的关系如图 3-2所示。

粗抛光时可用水作工作液;精抛光时可用煤油或机油作工作液。磨料和工作液的质量比为0.5~1。

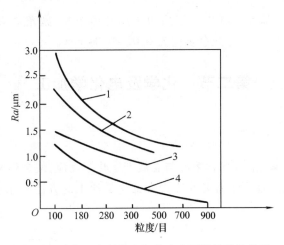

图 3-2 碳化硼磨料粒度与抛光表面粗糙度的关系
1—玻璃;2—半导体;3—陶瓷;4—硬质合金

4. 粗抛光和精抛光

抛光工序可分为粗抛光和精抛光两个工序。一般粗抛光时,为了提高抛光速度,常选择较高的频率和振幅、较大的静压力、硬质的磨料和较粗的颗粒。以水为工作液抛光时,一般情况下抛光速度可达 10~15 cm²/min。粗抛光后的表面粗糙度值 Ra 为 0.63~0.32 μm。

精抛光时,选用的磨料颗粒较细,选择较低的振幅和较小的静压力进行抛光。为防止工具对型腔表面产生划痕,一般对木质工具用药棉或尼龙试纸垫在工具端部,蘸以微粉(常用 Al_2O_3 微粉)作磨料进行抛光。抛光时用煤油作工作液或者干抛,精抛光后的表面粗糙度值 Ra 为 0.63~

0.32 μm 或更小。抛光后的尺寸误差可控制在 0.05～0.01 mm 以内。

四、超声加工的应用

1. 模具的型孔、型腔加工

在模具制造中，超声加工主要用于对脆材料（如玻璃、陶瓷、半导体、铁氧体等）和难加工材料（高温及难熔合金）加工圆孔、型腔、型孔、细微孔等，如图 3-3 所示。

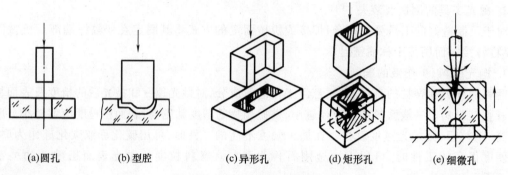

| (a)圆孔 | (b) 型腔 | (c)异形孔 | (d) 矩形孔 | (e) 细微孔 |

图 3-3 模具的型孔、型腔加工

2. 模具的光整加工

模具的凹模和凸模机械加工或电加工后可采用超声抛光，抛光余量一般不超过 0.15 mm。对于电火花精加工后的工件，其抛光余量应为 0.02～0.04 mm。

第二节 化学及电化学加工

一、化学加工

化学加工是利用酸、碱、盐等化学溶液与金属产生化学反应，使金属腐蚀溶解，以改变工件尺寸和形状（以至表面性能）的一种加工方法。常见化学加工的方法有化学腐蚀加工和照相腐蚀加工等。

（一）化学腐蚀加工

1. 化学腐蚀加工的原理

化学腐蚀加工是将工件要加工的部位暴露在化学腐蚀溶液中并产生化学反应，使工件材料腐蚀溶解，以获得零件所需要的形状和尺寸的一种加工方法。采用化学腐蚀加工时工件表面不加工的部位用抗腐蚀涂层覆盖起来，然后将工件浸渍于化学腐蚀液中，将裸露部位的余量去除，达到加工的目的，如图 3-4 所示。

2. 化学腐蚀加工的特点

（1）可加工金属和非金属（如玻璃、石板等）材料；不受加工材料的硬度影响，不发生物理变化。

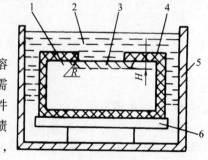

图 3-4 化学腐蚀加工原理

1—工件材料；2—化学腐蚀溶液；

3—化学腐蚀部位；4—抗腐蚀涂层；

5—溶液箱；6—工作台

（2）加工后表面无毛刺、不变形，不产生加工硬化现象。

（3）只要化学腐蚀液能浸入的表面都可以加工，故适合于难以进行机械加工的表面。

（4）加工时不需要夹具和贵重装备。

（5）化学腐蚀液及其蒸气污染环境，对设备和人体有危害作用，需采用适当的防护措施。

（二）照相腐蚀加工

照相腐蚀加工是照相制版和化学腐蚀相结合的一种加工方法。它是在型腔工作表面上均匀地喷涂一层感光胶膜（即涂胶），胶膜经底片曝光后产生化学反应（即感光）。感光后的胶膜不仅不溶于水，而且还增强了抗腐蚀的能力。未感光的胶膜能溶于水，用水清洗去除未感光胶膜后，部分金属便裸露出来。然后再经化学腐蚀液的浸蚀，即能获得所需要的花纹和图案。

图 3-5 为照相腐蚀主要工序示意图。

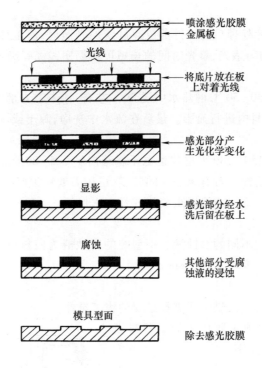

图 3-5　照相腐蚀主要工序示意图

照相腐蚀法的工艺过程如图 3-6 所示。

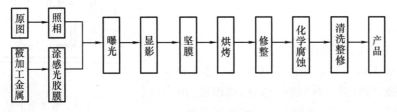

图 3-6　照相腐蚀工艺过程

1. 原图和照相

将所需图形或文字按一定比例绘制在图样上(即为原图),然后通过照相(专用照相设备),将原图缩小至所需尺寸的照相底片上。

2. 腐蚀面的清洗和涂感光胶

涂胶前必须对涂胶面用汽油、苯或去污粉等进行去油污处理,用水冲洗干净后经电炉烘烤至50 ℃左右涂胶(否则涂上的感光胶膜容易起皮脱落)。

在工件表面需要腐蚀的部位涂感光胶时,可用压缩空气均匀喷涂。

3. 贴照相底片

将制作好的照相底片平整地贴附在腐蚀表面上。底片制作的好坏以及贴附的质量将直接影响腐蚀质量。因此,型腔设计时应预先考虑贴片是否方便,必要时可将型腔设计成镶拼结构。

4. 曝光

曝光时将经涂胶和贴片处理后的工件部位通过紫外光照射,使工件表面的感光胶膜按图像感光(应注意让曝光部位均匀感光,曝光时间的长短可根据实践经验确定)。

5. 显影

将曝光后的工件放入 40~50 ℃的热水中浸 30 s 左右,让未曝光部分的胶膜溶解于水中,再将型腔放入碱性紫 5BN 染料内进行显影。最后在流水中洗净,晾干或用热风吹干。

6. 坚膜及修补

将已显影的型腔放入 150~200 ℃电热恒温干燥箱内烘焙 5~20 min,以提高胶膜的粘附强度及耐蚀性。型腔表面需要腐蚀处若有未去净的胶膜,可用刀或针尖修除干净,缺膜部位可用印刷油墨修补。不需进行腐蚀的部位应涂以虫胶片或凡立水保护。

7. 腐蚀

应根据被腐蚀材料选用不同的腐蚀液。钢型腔的腐蚀液为三氯化铁水溶液,可用浸蚀或喷射的方法进行。一般腐蚀深度可达 0.3 mm。

8. 去胶、修整

将腐蚀好的型腔清洗、去胶,烘干后进行必要的钳工整修。

在模具制造中,化学腐蚀主要用于加工塑料模型腔表面上的花纹、图案和文字。

二、电化学加工

常见电化学加工的方法有电铸加工、电解加工和电解抛光。

(一) 电铸加工

1. 电铸加工的原理、特点和应用

(1) 电铸加工的原理。如图 3-7 所示,用可导电的母模作阴极,用电铸材料(例如纯铜)作阳极,用电铸材料的金属盐(例如硫酸铜)溶液作电铸镀液。在直流电源的作用下,阳极上的金属原子放出电子成为金属正离子进入镀液,并进一步在阴极上获得

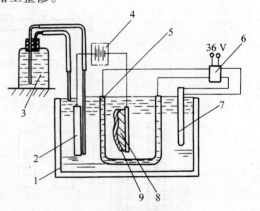

图 3-7　电铸加工原理

1—镀槽;2—阳极;3—蒸馏水瓶;
4—直流电源;5—加热管;6—恒温装置;
7—水银导电温度计;8—母模;9—电铸层

电子成为金属原子而沉积覆盖在阴极原模表面。阳极金属源源不断成为金属离子并补充溶解而进入电铸镀液,保持浓度基本不变,阴极原模上电铸层逐渐加厚。当达到预定厚度时,设法与母模分离并取出,即可获得与原模型面凹凸相反的电铸件。

（2）电铸加工的特点。

① 能准确、精密地复制复杂型面和细微纹路。

② 能获得尺寸精度高、表面粗糙度值 Ra 小于 $0.1~\mu m$ 的复制品,用同一原模生产多个电铸件时其形状、尺寸的一致性极好。

③ 借助石膏、石蜡、环氧树脂等作为原模材料,可把复杂零件的内表面复制为外表面,外表面复制为内表面,然后再电铸复制,适应性广泛。

④ 通过电铸加工可获得高纯度的金属制品。

⑤ 电铸加工时金属沉积速度缓慢,制造周期长。例如电铸加工镍时,一般需要一周左右。

⑥ 电铸层厚度不均匀且厚度较薄,仅为 $4\sim8~mm$。电铸层一般都具有较大的应力,因此使大型电铸件变形显著,不易承受大的冲击载荷。这使电铸加工的应用受到一定的限制。

（3）电铸加工的应用。

① 可复制精细的表面轮廓花纹,如唱片模,工艺美术品模,纸币、证券、邮票的印刷版等。

② 可复制注塑用的模具、电火花型腔加工用的电极。

③ 可制造复杂、高精度的空心零件和薄壁零件,如波导管等。

④ 可制造表面粗糙度标准样块、反光镜、表盘、异形孔喷嘴等特殊零件。

2. 电铸加工工艺

（1）电铸加工的工艺过程。

产品图样→母模设计→电铸前预处理→电铸清洗→衬背起模→机械加工。

（2）母模设计要点。

① 母模形状与所需型腔相反。

② 确定母模尺寸时,应考虑材料的收缩率,母模表面粗糙度值愈小愈好,一般表面粗糙度值 Ra 小于 $0.01~\mu m$。

③ 对于不可熔型母模应带有 $15'\sim30'$ 的起模斜度,同时需考虑起模措施。

④ 承受电铸的部分应按制品需要放长 $3\sim5~mm$,以备电铸后端部粗糙而被割除。

⑤ 母模的轮廓在较深的底部凹、凸不能相差太大,同时尽量避免尖角。

⑥ 母模所用材料有金属和非金属材料之分,其中又可分为可熔型、不可熔型等,可根据不同需要进行选择。

制造母模的各种材料及其优缺点可参见表3-2。

（3）电铸加工前的预处理。电铸加工前的预处理主要包括镀起模层处理、防水处理、镀导电层处理、引导线及包扎处理。处理的方法根据母模材料的不同而异。

① 镀起模层处理　用金属制成的母模需镀上一层厚度为 $0.008\sim0.01~mm$ 的硬铬,以便起模。镀铬层表面不允许有气孔、麻点和脱铬现象。

形状复杂的母模,由于镀铬的散射能力较差,可先镀镍再镀铬。

若是深型腔而起模困难时,可在母模表面先喷上一层聚乙烯醇感光剂,经曝光烘干后进行镀银处理。

用低熔点合金制成的母模不需要镀起模层,有时可考虑涂石墨。

② 防水处理 用石膏或木材制成的母模,在电铸前可用喷漆或浸漆的方法进行防水处理。用石膏制成的母模还可采用浸石蜡的方法进行防水处理。

表 3-2 母模材料及其优缺点

材		料	优 点	缺 点	用 途
金属	永久型	不含铬的低碳钢、中碳钢或铜	成本低,制造精度高,使用寿命长	起模时型腔易拉毛,要有起模斜度	适用于形状简单且起模方便的加工
	可熔型	低熔点合金	可铸造,材料可回用,型腔表面不会拉长	需要有浇注模具,成本高	用于大量生产、母模不能完整取出的场合
非金属	不可熔型	木材	成本低,易加工	加工精度不高,需作防水处理	适用于大型或精度要求不高的母模
		石膏	成本低,成形良好	加工精度不高,需作防水处理	适用于大型或精度不高的母模以及反制阴模
		环氧树脂	可浇注,表面粗糙度数值小,尺寸精度稳定	需要有浇注模具,成本高	用于大量生产或大型母模
		聚氯乙烯	可浇注,材料可回用,起模方便,不会损坏型腔	尺寸精度不高,电解液温度不能过高	适用于大量且无尺寸精度要求的加工
		有机玻璃	加工性能好,表面粗糙度值小,起模方便,尺寸精度高	使用次数不多,电解液温度不能过高	适用于中小型及齿轴类的母模
	可熔型	石蜡	成本低,成形度良好,表面粗糙度值小,起模时不会损伤型腔	易损伤,加工时精度难以保证,电解液温度不能过高	适用于小型及尺寸精度要求不高的母模

③ 镀导电层处理 非金属母模不导电,不能直接电铸加工,因此要经过镀导电层处理。镀导电层处理一般是在防水处理(有些材料不经防水处理)后进行的。可以采用导电漆的涂敷处理、真空涂膜或阴极溅射处理,一般常用的是采取化学镀银或化学镀铜处理。

为了得到良好的导电层,一般母模需要经两次镀导电层处理,如有机玻璃母模镀银后可再镀铜层。而石膏母模则需进行三次镀银处理。

④ 引导线及包扎处理 母模经镀起模层处理及镀导电层处理后需进行引导线及包扎处理,其目的是使导电层能够在电沉积操作过程中良好地通电,并将非电铸表面予以隔离。

(4)电铸液。电铸加工的生产效率低、时间长、电流大,造成沉积金属的结晶粗糙,使强度降低。一般每小时电铸金属层的厚度为 0.02～0.5 mm。

电铸加工的种类较多,与模具型腔有关的电铸加工有电铸铜和电铸镍,电铸液相应为含有电铸金属离子的硫酸盐、氨基磺酸盐和氯化物等的水溶液。

(5)衬背起模。

① 衬背 电铸型腔成形后强度较差,需用其他材料进行加固,以防止变形。加固的方法一

般是采用模套进行衬背。衬背后再对型腔外形进行起模和机械加工。衬背的模套可以是金属材料或浇注铝及低熔点合金。用金属模套衬背时，一般在模套内孔和电铸型腔外表面涂一层无机粘结剂后再进行压合，以增加配合强度，如图3-8所示。

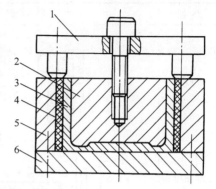

图3-8　电铸型腔与模套组合形式
1—卸模架；2—型芯；3—电铸型腔；
4—粘结剂；5—模套；6—垫板

② 起模　电铸成形后需要起出母模。金属母模起模比较困难，可以用旋转螺钉的方法进行起模，如图3-9所示。

如果母模带有螺旋槽，其起模可用图3-10的方法，使铸件6随母模5沿轴线旋转而起模。

电铸成形后，可采用专用工具使型腔和型芯脱开。图3-11为利用起模架和螺栓将型芯拉出分离的专用工具。

非金属母模（例如有机玻璃）在加热软化后起模则比较方便，一般加热温度为100~200 ℃，等到冷却至70~80 ℃即可将母模取出。较浅的型腔甚至可直接用开水加热后起模，但是母模容易受热变形、损坏。

（6）机械加工。按要求将电铸型腔外形加工到规定尺寸。

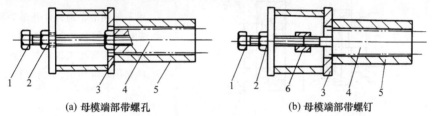

(a) 母模端部带螺孔　　　　(b) 母模端部带螺钉

图3-9　螺钉起模
1—螺钉；2—螺母；3—垫片；4—母模；5—铸件；6—套管

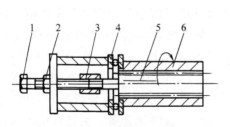

图3-10　螺旋式起模
1—螺钉；2—螺母；3—套管；
4—止推轴承；5—母模；6—铸件

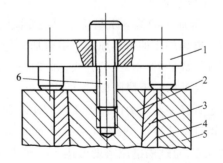

图3-11　电铸起模架
1—起模架；2—母模；3—电铸型腔；
4—无机粘结剂；5—模套；6—螺栓

3. 模具电铸加工实例

刻度盘模具型腔电铸加工工艺过程可参见表3-3。

表 3-3　刻度盘模具型腔电铸加工工艺

内容	简　图	说　明
母模		材料:45 钢 型面表面粗糙度值 Ra 为 0.1 μm M36 螺孔为车制母模及铸件用的工艺螺孔。小螺孔是装导线用的,外周四个小螺孔为装绝缘板用的
母模在电铸槽内放置方向		母模经镀起模层处理后,端面用胶布板装夹,用塑料硬线将母模浮吊在电铸液槽内极板悬挂在母模的两侧,电铸 2 d 后,每隔 1~2 d,将母模转置 45°
电铸件	略	镀层为 4~5 mm 时停止电铸,即为电铸件
电铸后加工		1. 用芯轴固定车削铸件外形并配镶套内孔,与铸件配合间隙为 0.2~0.3 mm 2. 铸件与镶套用无机粘结剂连成一体 3. 再利用芯轴固定,车削镶套外圆及 $\phi56$ 孔
取出母模	—	—

（二）电解加工

1. 电解加工的基本原理、特点及适用范围

（1）电解加工的基本原理　电解加工是利用金属在电解液中发生电化学阳极溶解的原理,将工件加工成形的一种工艺方法,如图 3-12a 所示。加工时,在工件和电极之间接上直流稳压电源(6~24 V),电极接阴极,工件接阳极,工件和电极之间保持一定的间隙(0.1~1 mm)。在间隙中通过具有一定压力(0.49~1.96 MPa)和速度(可达 75 m/s)的电解液。在加工过程中,电极以一定的进给速度(一般为 0.4~1.5 mm/min)向工件靠近。此时,在工件表面和电极之间距离最近的地方,通过的电流密度可达 10~70 A/cm²,从而使阳极溶解金属产生氢氧化物沉淀,被电解液冲走。由于阳极、阴极之间各面的距离不等,所以电流密度也不相等,如图 3-12b 所示(细实线密的地方电流密度大)。在距阳极距离最近的地方电流密度最大,阳极溶解的速度最快。随着电极不断进给,电蚀物不断被电解液冲走,工件表面不断被溶解,最后使电解间隙逐渐趋于均匀,电极的形状被复制在工件上(图 3-12c),于是在工件上加工出与电极相反形状的型腔。

（2）电解加工的特点　电解加工与其他加工方法比较具有以下特点:

① 加工范围广。电解加工不受金属材料的力学性能限制,可以加工硬质合金、淬火钢、不锈

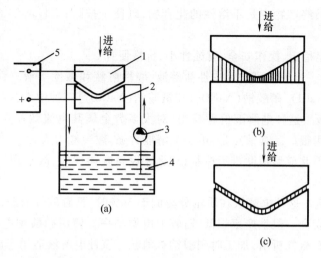

图 3-12　电解加工原理
1—电极（阴极）；2—工件（阳极）；3—泵；4—电解液；5—直流电源

钢、耐热合金等高硬度、高强度、高韧性金属材料及各种复杂型面。

② 加工速度快，为电火花加工的 5~10 倍以上。如加工复杂形状的型腔，可在电极的进给下一次加工成形。

③ 由于加工过程中不存在切削力作用，不会产生热变形及毛刺等，没有电火花加工那样的白亮变质层。

④ 电极损耗极小，加工表面粗糙度值小，Ra 一般为 0.8 ~ 0.2 μm，尺寸精度为 ±0.05 ~ ±0.2 mm。

⑤ 难以加工窄缝、小孔或尖细棱角的表面。

⑥ 对复杂型腔的加工，电极设计制造较困难。

⑦ 电解液在加工表面难以实现均匀流动，废液及析出物有公害，电解液对机床、夹具、设备及工件等都有腐蚀作用。

（3）电解加工的适用范围　采用电解加工模具型腔，加工效率高、表面粗糙度值较小，但尺寸精度不高、电极设计与制造周期长、投资大。所以，其适用于大型模具型腔的加工，如锻造模型腔、压铸模型腔及塑料模型腔等批量较大而要求不高的加工。

2. 电解液

（1）电解液在电解过程中的主要作用。

① 作为导电介质传递电流。

② 在电场作用下进行电化学反应，使阳极溶解。

③ 可及时排除加工间隙中的电蚀物，并带走加工区产生的热量，起更新与冷却作用。

（2）对电解液的基本要求。

① 电解液应具有足够的腐蚀速度，以提高生产率。

② 具有较高的加工精度和表面质量。电解液中的金属阳离子不应在阴极上产生放电反应而沉积到电极上，以免改变电极的形状和尺寸。

③ 阳极反应的最终产物应是不溶性的化合物,以便于排除;阳极溶解下来的金属阳离子不应沉积在阴极上。

④ 电解液应性能稳定、操作安全、腐蚀性小、价格便宜。

(3) 常用电解液。电解液可分为中性盐溶液、酸性溶液和碱性溶液。目前实际生产中常用的电解液是氯化钠($NaCl$)、硝酸钠($NaNO_3$)和氯酸钠($NaClO_3$)三种中性盐溶液。

① 氯化钠电解液　这种电解液价廉易得,对大多数金属其电流效率均很高($\eta > 100\%$),加工过程中损耗少,应用很广。其缺点是:由于电解能力强,散蚀能力太大,使得离阴极工具较远的工件表面也被电解,因此成形精度难于控制;对机床设备腐蚀性大,故适用于加工速度快而精度要求不高的工件加工。

② 硝酸钠电解液　这种电解液在质量分数低于 30% 时,具有较好的非线性性能,对设备、机床腐蚀性很小,使用安全。但生产率较低,需较大电源功率。使用硝酸钠电解液时电流效率低、电能损耗大,阴极上有氨气析出,加工时硝酸钠有消耗。该种电解液适用于成形精度要求较高的工件加工。

③ 氯酸钠电解液　这种电解液具有散蚀能力小、加工精度高等特点。当加工间隙大于 1.25 mm 时,阳极溶解作用几乎停止,加工表面比较光洁。氯酸钠电解液在相同质量分数下蚀除速度与氯化钠电解液相近,但由于其溶解度比氯化钠电解液高,所以蚀除速度会更大些。由于其对机床、设备等的腐蚀很小,因而越来越广泛地应用于高精度零件的成形加工。但氯酸钠电解液是一种强氧化剂,遇热分解出的氧气能助燃,因此使用时应注意防火安全。

3. 混气电解加工简介

混气电解加工生产率高、表面粗糙度值小、加工精度为 $\pm(0.1 \sim 0.2)$ mm,可加工形状复杂的型腔,所以广泛应用于精度要求不太高、批量大的大型型腔的加工,如锻模、压铸模、塑料模的型腔加工。混气电解加工(图 3-13)是将一定压力的气体(二氧化碳、氯气或压缩空气)经气液混合腔与电解液混合在一起,使电解液成为含有无数的水和气体分子的均匀气液混合物后,送入加工区进行电解加工。因气液混合物不导电致使电解液的电阻率增加;在加工间隙中电流密度较低的部位电解作用趋于停止,使间隙迅速趋于均匀,因此,可以保证获得较高的加工精度。

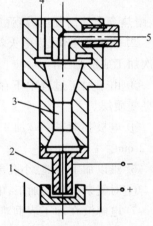

图 3-13　混气电解加工
1—工件;2—电极;
3—气液混合腔;
4—电解液入口;5—气源入口

混气电解加工时,由于气体的混入降低了电解液的密度和粘度,因此可在较低的压力下达到较高的流速,降低了对工艺装备的刚性要求。此外高速流动的气泡还能起到搅拌作用,消除了死水区使电解液流动均匀,减少了短路的可能性,因此加工稳定。

由于混气电解加工时电解液的电阻率较大,在相同加工电压和加工间隙的情况下,其电流密度比不混气电解液下降,因而加工时速度下降 1/3~1/2。但从全部生产过程看,它缩短了电极设计、制造周期,提高了加工精度,减少了钳工修整的工作量,所以总的生产速度还是加快了。混气电解加工需增加一套附属的供气设备、管道、抽风设备,故投资较大。

4. 电极材料的性能

用作电解加工的电极材料应具备下列性能：

① 电阻小；

② 导热性好；

③ 熔点高；

④ 有耐液压的刚性；

⑤ 机械加工性好；

⑥ 耐腐蚀性好。

目前常用的电极材料有铜、黄铜、不锈钢等。

（三）电解抛光

1. 电解抛光的基本原理及特点

（1）电解抛光的基本原理。电解抛光实际上也是利用电化学阳极（正极）溶解的原理，对金属表面进行加工的一种表面加工方法。

电解抛光（图 3-14a）时，将工件放入已装满电解液的电解液槽内接直流电源阳极。电极接阴极（负极），两极之间保持一定的间隙。当直流电路接通后，工件的表面发生电化学溶解，形成一层被阴极溶解的金属和电解液组成的粘膜。粘膜的粘度愈高，电导率就愈低。由于工件的表面微观几何形状凹凸不平，因此在凸出的地方粘膜薄，电阻较小。在凹入的地方粘膜较厚，电阻较大，如图 3-14b 所示。凸出的地方比凹入的地方电流密度大，阳极溶解速度快。而凹入的地方则几乎不发生阳极溶解。经过一段时间之后，凸出的地方被溶解，因此有效高度降低并趋于平整，使被加工表面粗糙度值减小，最后达到抛光的目的。

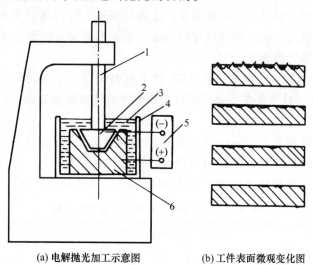

(a) 电解抛光加工示意图　　(b) 工件表面微观变化图

图 3-14　电解抛光

1—主轴；2—电极（阴极）；3—电解液；4—电解液槽；5—电源；6—工件（阳极）

电解抛光和电解加工型腔，虽然都是利用电化学阳极溶解的原理进行加工，但两者之间仍有不同之处。电解抛光加工间隙比电解加工型腔大，且电流密度小，电解液一般不流动，无压力要求，必要时可以搅拌。所应用的设备及抛光的电极结构简单，易于制造。

（2）电解抛光的特点。

① 加工效率高。加工余量为 $0.10 \sim 0.15$ mm 时，电解抛光的时间为 $10 \sim 15$ min。

② 电解抛光后，对型腔表面粗糙度要求不太严的模具可直接应用于生产。对型腔表面粗糙度要求较高的模具，经电火花加工后用电解抛光去除硬化层，减小表面粗糙度值后，再进行手工抛光，可大大缩短模具制造周期。

③ 经电解抛光后的表面易形成致密、牢固的氧化膜，可提高型腔表面的耐腐蚀能力，而且不产生表面残余应力。

④ 电解抛光可对淬火钢、耐热钢、不锈钢等各种高硬度和高强度的材料进行加工。

2. 电解抛光的工艺过程

（1）电解抛光的工艺流程　电解抛光的工艺流程如下：

电火花加工的模具型腔→电极制造→电解抛光前预处理（化学去油、清洗）→电解抛光→电解抛光后处理（清洗、钝化、干燥处理）→钳工精修

（2）电解抛光的操作工艺　将电极和工件分别接在直流电源的阴极和阳极上，使两者之间保持 $5 \sim 10$ mm 的间隙。将电解液装入电解液槽内，液位超过工件上平面 $15 \sim 20$ mm，并将槽内电解液加热，保持所需的工作温度。然后，以型面面积计算电流大小，并按所需的电参数调整直流电源，接通电路后，调整电压达到所需的要求后便可开始进行抛光。直流电源电压一般为 $0 \sim 50$ V，以电流密度 $1 \sim 1.2$ A/cm^2 计算直流电源的总电流，其数值根据模具大小而定。

在以上过程中，为了防止型腔内电解液温度过高，应不断补充新的电解液和经常搅拌电解液，以排除抛光时产生的气泡，保证电解抛光顺利进行。一般在电解抛光时采用阴极定时抬起，以达到交换和搅拌电解液的目的。阴极抬起的次数可根据工件和电流大小及抛光时间而定，一般在抛光 $2 \sim 3$ min 后抬起一次。型腔尺寸的精度控制要根据加工余量、工件原始的表面粗糙度、电流密度及抛光时间等参数确定。

（3）电极（阴极）的制造　电极一般用铅、铜等材料制造。电极的形状与型腔相似，其尺寸比型腔缩小 $5 \sim 10$ mm。对于复杂型腔可将铅加热熔化后浇注在型腔内，冷却后取出进行均匀缩小加工。

（4）抛光前的预处理　为了保证抛光质量，在抛光前必须对工件和电极进行去除油脂处理。可先用有机溶剂（如汽油、二氯乙烷等）进行清洗，再进行电解去油。

（5）电解液　电解液的种类很多，常用的电解液化学成分及工艺参数见表 3-4。

表 3-4　常用电解液化学成分及工艺参数

适用金属	电解液		阴极材料	阳极电流密度 /(A·m^{-2})	电解温度/℃	持续时间/min
	名称	质量分数/%				
碳钢	H$_3$PO$_4$	70	铜	$(4 \sim 5) \times 10^3$	$80 \sim 90$	$5 \sim 8$
	CrO$_3$	20				
	H$_2$O	10				
	H$_3$PO$_4$	65	铅	$(3 \sim 5) \times 10^3$	$15 \sim 20$	$5 \sim 8$
	H$_2$SO$_4$	15				
	(COOH)$_2$	$2 \sim 1$				
	H$_2$O	$18 \sim 19$				

适用金属	电解液		阴极材料	阳极电流密度/(A·m^{-2})	电解温度/℃	持续时间/min
	名称	质量分数/%				
CrWMn	H$_3$PO$_4$	65	铅	$(8\sim10)\times10^3$	35~45	10~2
	H$_2$SO$_4$	15				
	CrO$_3$	5				
	(COOH)$_2$	12				
	H$_2$O	3				
铜	CrO$_3$	60	铝或钢	$(0.5\sim1)\times10^3$	18~25	5~15
	H$_2$O	40				

（6）电解抛光的后处理　电解抛光结束后,应立即取出工件。先将工件用流动热水进行冲洗,再放在温度为 70~95 ℃、质量分数为 10% 的 NaOH 溶液中处理 10~20 min。这样可提高金属表面上钝化膜的致密度,提高抗腐蚀能力。最后再用冷水冲洗抛光表面,干燥后涂以防锈油脂。

第三节　电解磨削

电解磨削是电解加工和磨削加工相结合的一种复合加工工艺,它能获得比电解加工更高的加工精度和更小的表面粗糙度值,生产率则高于磨削加工。

一、电解磨削的基本原理和特点

（一）电解磨削的基本原理

电解磨削时,工件接直流电源的正极,电解砂轮接负极,如图 3-15 所示。电解砂轮和工件表面之间,在凸出的磨料处保持一定的电解间隙。当电解间隙中注入电解液并有直流电流通过时,工件表面便发生电化学阳极溶解,同时在表面生成一层极薄的氧化膜。这层氧化膜具有较高的电阻,可使金属的阳极溶解过程减慢。由于电解砂轮的切削作用,这层阳极氧化膜被磨粒去除并被电解液带走,使工件又露出新的金属表面,继续产生电解反应。这样在电化学反应和机械磨削的综合作用下,工件表面不断被去除并形成光滑的表面,达到一定的尺寸精度。

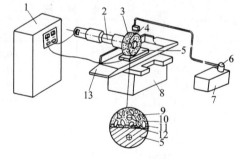

图 3-15　电解磨削原理

1—直流电源；2—绝缘主轴；3—电解砂轮；
4—电解液喷嘴；5—工件；6—电解液泵；
7—电解液箱；8—机床本体；9—磨料；
10—结合剂；11—电解间隙；
12—电解液；13—工作台

（二）电解磨削的基本特点

（1）电解磨削能够加工任何高硬度与高韧性的金属材料,生产率高。在电解磨削过程中,电解作用约占 90%,机械磨削的作用仅占 10% 左右,所以电解磨削的加工过程与工件材料硬度无关。电解磨削可以加工硬质合金、不锈钢、耐热合金等金属,且磨削硬质合金时与普通的金刚石砂轮磨削相比,其加工效率可提高 3~5 倍。

（2）加工精度高、表面质量好。由于电解磨削过程中的机械磨削力和磨削热都很小,不会产生变形、裂纹、烧伤等现象，表面粗糙度值 Ra 可达 $0.1~\mu m$。磨削硬质合金时，表面粗糙度值 Ra 最小可达 $0.008~\mu m$。

（3）砂轮寿命长。电解磨削时的磨削力小，电解磨削用的金刚石砂轮与普通金刚石砂轮相比较，其消耗速度可降低 $80\% \sim 90\%$，大大降低了砂轮成本。

（4）电解磨削的辅助设备较多，设备投资费用较高。

（5）在加工过程中有刺激性气体和电解雾沫产生，应设有防护抽风吸雾等装置。

二、磨削电解液及砂轮的选用

（一）磨削电解液

1. 对磨削电解液的基本要求

（1）对工件易起电化学反应，并且有一定的耐久性。

（2）导电性好，能通过较大的电流。

（3）能溶解反应生成物。

（4）腐蚀性小。

（5）不影响人体健康。

（6）使用寿命长，价格便宜。

2. 磨削电解液配方

（1）磨削硬质合金电解液　表 3-5 为磨削硬质合金时常用的几种电解磨削液的配方，供选择电解液时参考。

表 3-5　磨削硬质合金用电解液

序号	电 解 液		电流效率 /%	电流密度 /($A \cdot cm^{-2}$)	加工表面粗糙度 $Ra/\mu m$
	名称	质量分数/%			
1	$NaNO_2$ $NaNO_3$ Na_2HPO_4 $K_2Cr_2O_7$ H_2O	9.6 0.3 0.3 0.1 89.7	80~90	10	0.1
2	$NaNO_2$ Na_2HPO_4 $Na_2B_4O_7$ $NaNO_3$ H_2O	3.8 1.4 0.3 0.3 94.2	70		
3	$NaNO_2$ $NaNO_3$ H_2O	7.0 5.0 88.0	85		
4	$NaNO_2$ $NaKC_4H_4O_6$ H_2O	10 2 88	90		

（2）磨削"双金属"电解液　在生产实际中，常常还有硬质合金和钢料的组合件，需要同时进行加工，这就要求有适合"双金属"的电解液。表3-6为加工硬质合金和钢件组合材料的"双金属"电解液。

表3-6　磨削"双金属"电解液

电解液		电流效率/%	电流密度/$(A \cdot cm^{-2})$	表面粗糙度（硬质合金）$Ra/\mu m$
名称	质量分数/%			
Na_2HPO_4	7			
KNO_3	2	70	10	0.4
$NaNO_2$	2			
H_2O	89			

（3）磨削低、中碳钢电解液　表3-7为磨削低碳钢和中碳钢的电解液。

表3-7　磨削低碳钢和中碳钢的电解液

电解液		电流效率/%	电流密度/$(A \cdot cm^{-2})$	表面粗糙度 $Ra/\mu m$
名称	质量分数/%			
$NaHPO_4$	7			
KNO_3	2	78	10	0.4
$NaNO_2$	2			
H_2O	89			

（二）电解砂轮的选用

电解砂轮的种类很多，目前常用的有金刚石电解砂轮、树脂结合剂电解砂轮、氧化铝（碳化硅）电解砂轮、石墨碳素结合剂电解砂轮等多种种类，可根据被加工零件的形状、材料按表3-8选用。

表3-8　电解砂轮的种类和特性

种类	金属结合剂人造金刚石电解砂轮	树脂结合剂电解砂轮	陶瓷松组织渗银电解砂轮	石墨、碳素结合剂电解砂轮
磨料粒度	$80^{\#} \sim 100^{\#}$	$120^{\#} \sim 150^{\#}$	$80^{\#} \sim 180^{\#}$	不含磨料
性能特点	磨料形状规则、硬度高、电解间隙均匀、磨削效率高、使用寿命长、成本较高，但修整困难	不用反极性处理就可使用，具有抗电弧和防止短路的性能，磨削效率低、使用寿命短、修整方便	砂轮不需进行反极性处理，有较好的抗弧能力，可用一般机械磨削的修整方法修整砂轮	成形最方便，可用车刀修整成任何形状，具有良好的抗弧能力，但磨削效率低、精度差、使用寿命短
用途	模具、刀具、内外圆磨削	模具、内外圆、成形磨削（简单形状）	模具、叶片榫齿、刀具、成形磨削	成形磨削（一般作粗加工）

三、电解磨削的应用

1. 硬质合金的电解磨削

用氧化铝电解砂轮电解磨削硬质合金材料,其表面粗糙度值 Ra 可达 $0.2~\mu m$,平面度也较普通砂轮磨削的精度高。

2. 模具平面的电解磨削

模具大平面的磨削常用电解卧式平面磨床,因为其生产率高,而立式电解平面磨床常用来加工精度要求较高的工件。图 3-16a、b 分别为立轴平面磨削、卧轴平面磨削示意图,其电解平面磨削工艺见表 3-9。

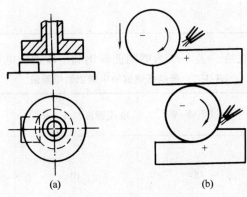

(a)　　　　　　　　　(b)

图 3-16　平面磨削示意图

表 3-9　电解平面磨削工艺

工艺参数	粗　磨	精　磨
电压/V	8~9	3~4
电流/A	根据工件与砂轮接触面积选择	
	立轴平面磨削	卧轴平面磨削
工艺说明	1. 进给速度要根据电流大小来选择,不可太快,以防短路 2. 工作台往复移动时,工件应退出砂轮,否则会影响工件的平面度。当工件退出砂轮时应停止砂轮进给(见 3-16a 图)	1. 尽可能将砂轮一次(或几次)进给到加工深度。工件留 0.03~0.05 mm 精磨余量,工作台慢速移动1~2 个行程,将其余量全部磨去(见 3-16b 图) 2. 按一般机械磨削方法进行精磨

第四节　型腔的挤压成形

型腔挤压成形是在油压机的高压下,将淬硬的挤压冲头缓慢地挤入具有一定塑性的坯料中,以获得与冲头形状相同、凹凸相反的型腔的加工方法。型腔的挤压分型腔冷挤压(图 3-17)和型腔热挤压两种。

一、型腔冷挤压

（一）型腔冷挤压的特点

（1）冷挤压的型腔表面质量高，表面粗糙度值 Ra 小于0.16 μm。

（2）挤压过程简单迅速，生产效率高。

（3）挤压的型腔材料纤维不切断，型腔强度高。

（4）可制造复杂的型腔，一个挤压冲头可多次使用，型腔的一致性好，适用于加工多型腔模具及带有浮雕、花纹及文字的型腔。

（5）适用于塑性较好的材料。使用塑性较差的材料时，只能挤压形状较简单、深度较浅的型腔。

（6）需要很高的压力、缓慢的挤压速度，最好使用专用油压机。

（二）型腔冷挤压的应用范围

（1）用紫铜、低碳钢作为坯料的形状复杂的、较深的型腔。

（2）用中碳钢、高碳钢等作为坯料的中等深度的型腔。

（3）用工具钢、合金钢作为坯料的较浅的型腔。

（三）型腔冷挤压的加工形式

1. 开启式冷挤压

开启式冷挤压如图3-18所示，挤压时坯料外围不加约束。

这种形式只有在型腔面积与坯料面积之比、型腔深度与坯料厚度之比相当小的情况下才采用。否则冷挤压时，由于挤压冲头对坯料加压可使坯料向四周扩大或产生较大的扭曲而影响型腔精度，甚至会造成坯料的开裂。开启式冷挤压必须采取安全可靠的措施。

一般来说，与模块（坯料）的体积相比，锻模型腔的面积与深度相当小，型腔上口的扩大正适应了锻模起模斜度的需要，因此挤压较简单形状的锻模型腔常采用这种形式。

2. 封闭式冷挤压

封闭式冷挤压是将坯料约束在套圈内，挤压冲头挤入坯料，使金属向与挤入相反的方向流动（图3-19），经挤压可以得到坯料与挤压冲头紧密贴合的、精度较高的型腔。封闭式冷挤压的挤压力比开启式的挤压力大。

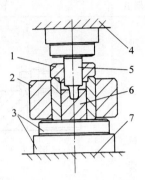

图3-17　型腔冷挤压

1—导向圈；2—套圈；3—垫板；
4—压机上座；5—挤压冲头；
6—坯料；7—压机下座

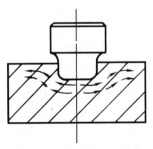 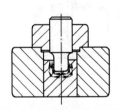

图3-18　开启式冷挤压　　　图3-19　封闭式冷挤压

表3-10列出了封闭式冷挤压的各种形式。

表 3-10　封闭式冷挤压的各种形式

形式	图　形	说　明
单套式	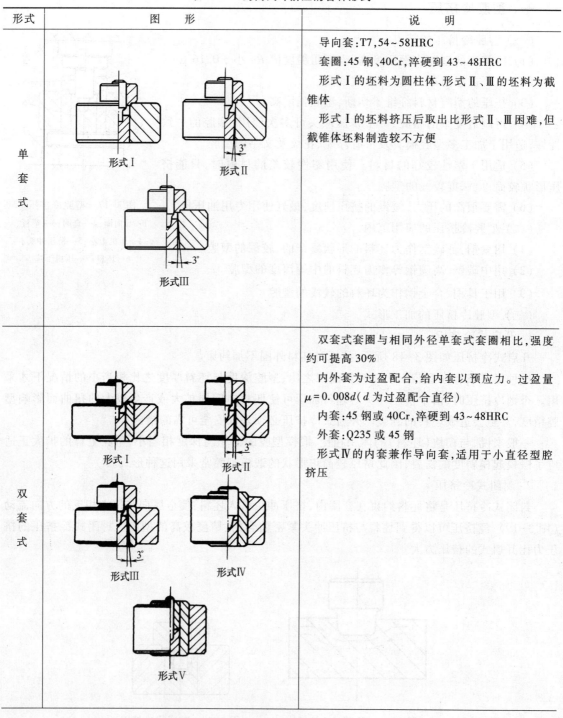	导向套:T7,54~58HRC 套圈:45 钢、40Cr,淬硬到 43~48HRC 形式 I 的坯料为圆柱体、形式 II、III 的坯料为截锥体 形式 I 的坯料挤压后取出比形式 II、III 困难,但截锥体坯料制造较不方便
双套式		双套式套圈与相同外径单套式套圈相比,强度约可提高 30% 内外套为过盈配合,给内套以预应力。过盈量 $\mu = 0.008d(d$ 为过盈配合直径) 内套:45 钢或 40Cr,淬硬到 43~48HRC 外套:Q235 或 45 钢 形式 IV 的内套兼作导向套,适用于小直径型腔挤压

形式	图 形	说 明
对拼内套式	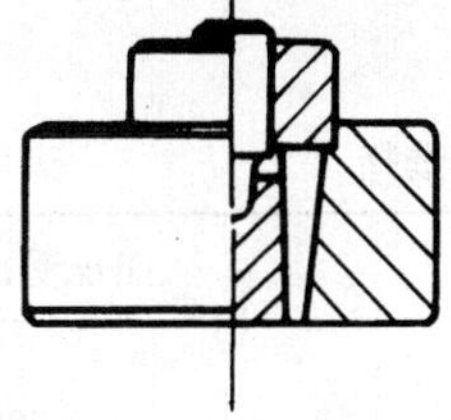	内套为对拼式锥形套,挤压后取出坯料方便 挤压过程中径向扩大,影响挤压精度 对拼内套用 45 钢或 40Cr,淬硬到 43～48HRC, 精加工后分割为二
矩形组合式	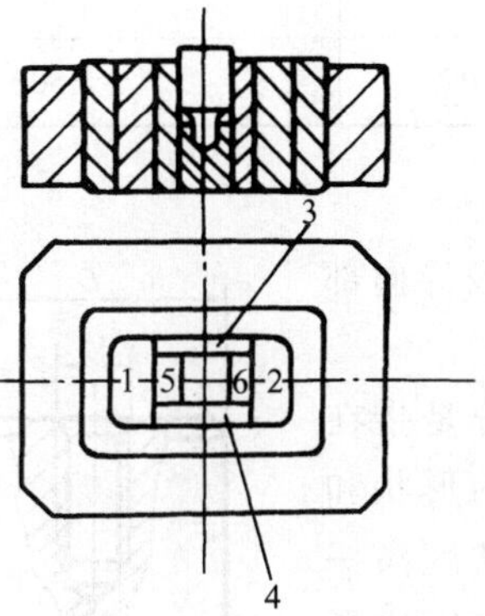	用于矩形坯料的挤压,用拼块 1～6 组成各种内 孔尺寸,适应各种大小坯料的挤压 外套圈:Q235 内套圈:45 钢或 40Cr,淬硬到 43～48HRC 拼块:T10A,淬硬到 54～58HRC
无导向挤压	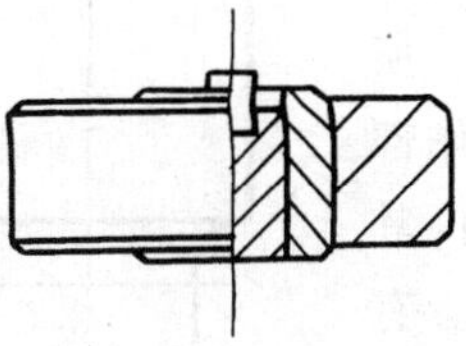	挤压冲头在全长内断面一致,无导向部分,便于 制造,长度不宜过长 适用于型腔底面平的、挤压深度不大的挤压

（四）冷挤压力

型腔冷挤压力的大小与冷挤压的方式、模坯材料及性能、挤压时的润滑条件等因素有关。一般采用以下公式计算：

$$F = 10^6 pA$$

式中：F——冷挤压所需的冷挤压力,N;

A——型腔投影面积,mm^2;

p——单位面积冷挤压力,Pa。

不同的挤压深度,所需的单位面积冷挤压力也不同。对于不同深度的冷挤压力见表3-11。

表3-11 挤压深度与单位面积的冷挤压力的关系

挤压深度 h/mm	5	10	15
单位冷挤压力 p/MPa	16.5	25	35

（五）挤压冲头

1. 挤压冲头的材料

为便于机械加工,挤压冲头的材料应具备良好的切削加工性。为保证在高压下工作,挤压冲头的材料淬硬性要好,热处理容易,变形小。

表 3-12 列出了根据型腔要求选用挤压冲头材料及能承受的压力。

挤压冲头需经热处理淬硬。挤压软材料时,淬硬到 60~63HRC;挤压较硬材料时淬硬到 61~64HRC。

表 3-12　挤压冲头材料的选择

挤压冲头形状	选 用 材 料	能承受的压力/MPa
简单	T8A、T10A、T12A	2 000~2 500
中等	CrMn、9CrSi、GG-2	
复杂	Cr12MoV、Cr12V、Cr12TiV、65Nb、LM1、LM2	2 500~3 000

2. 挤压冲头的设计

挤压冲头可分三部分:成形工作部分、过渡部分及导向部分,如图 3-20 所示。

(1) 成形工作部分　挤压冲头的成形工作部分是指在工作时挤入型腔坯料的部分(见图3-20的 L_1),它的形状和尺寸应和型腔尺寸相一致,精度要比型腔要求的精度高一级,表面粗糙度值 Ra 为 0.32~0.08 μm。一般冷挤压成形后,型腔上口有塌角现象,有效深度范围为 70%~90%。所以,实际挤入深度比型腔要求的深度要大。一般成形工作部分长度取型腔深度的1.1~1.3 倍。在其端部要设圆角,其半径 r 的大小视型腔的大小而定,一般 r 不小于 0.2 mm。有时为了便于起模,在允许的情况下将成形工作部分制造出 1:50的起模斜度。

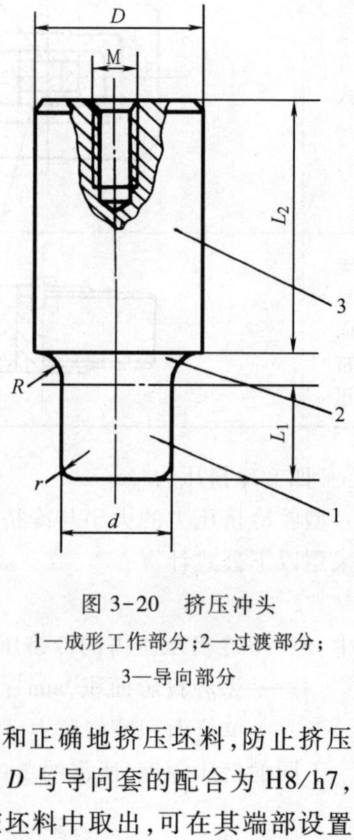

(2) 过渡部分　过渡部分在成形工作部分与导向部分的连接处。为了防止因应力集中而造成挤压冲头的断裂,一般该部分设计为较大半径的圆弧,以形成光滑过渡,一般半径为 5~15 mm。

图 3-20　挤压冲头
1—成形工作部分;2—过渡部分;
3—导向部分

(3) 导向部分　冷挤压冲头的导向部分是图 3-20 的 L_2 部分,其主要作用是用来和导向套配合,保证挤压冲头的垂直度和正确地挤压坯料,防止挤压过程中挤压冲头的偏斜。一般取 D 为 $1.5d$,$L_2>(1~1.5)D$。外径 D 与导向套的配合为 H8/h7,表面粗糙度值 Ra 为 1.25~0.63 μm。为了便于将挤压冲头从型腔坯料中取出,可在其端部设置螺纹孔。

(六)冷挤压用坯料

1. 常用材料

冷挤压用坯料应采用在退火状态下硬度低且塑性好,便于挤压加工,淬火后能达到硬度和耐磨性高、韧性好、变形小的材料。其常用材料见表 3-13。

表 3-13 冷挤压型腔坯料常用材料

材料名称	适 用 范 围					使用条件
	热塑性塑料注射模	热固性塑料注射模	压缩模	压铸模	锻模	
低碳钢	可	可	可	可		直接使用或渗碳淬硬后使用
中碳钢	可	可	可	可		淬硬后使用
紫铜	可					
高碳工具钢合金钢	可	可	可	可	可	复杂、较深的型腔挤压有困难

坯料在机械加工之后必须进行退火处理。低碳钢完全退火至 $100 \sim 160\text{HBW}$,中碳钢球化处理至 $160 \sim 200\text{HBW}$。

2. 坯料的尺寸和形状

(1) 敞开式冷挤压坯料 对敞开式冷挤压坯料的形状、尺寸,在充分考虑型腔形状、尺寸和冷挤压工艺要求的条件下,一般没有具体限制。

(2) 封闭式冷挤压坯料 封闭式冷挤压坯料的外形轮廓多为圆柱体或圆锥体,其尺寸可按以下经验公式确定(图 3-21):

$$D = (2 \sim 2.5)d$$
$$H = (2.5 \sim 3)H_1$$

式中:D——坯料直径,mm;

H——坯料厚度,mm;

d——型腔直径,mm;

H_1——型腔深度,mm。

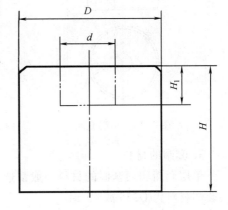

图 3-21 坯料尺寸

因冷挤压过程中所需的挤压力很大,一般可通过改变坯料形状来减少挤压过程中的挤压力,如图 3-22 所示。图 3-22 是在坯料底部加工出一个减压穴,减压穴的直径 $d_1 = (0.6 \sim 0.77)d$,切除金属的体积为型腔体积的 60%。当在型腔底部需挤出图案和文字时,坯料不能设置减压穴。

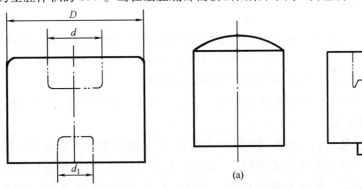

图 3-22 坯料减压穴   图 3-23 有图案和文字的坯料

(a)   (b)

垫块

为了挤压出清晰的图案和文字,坯料顶端的形状可改变为球面,如图3-23a所示。也可以在冷挤压时在坯料底部垫一块和图案或文字大小一致的垫块(见图3-23b),以使文字或图案清晰。

　　由于冷挤压坯料的顶面是冷挤压成形后的型腔工作表面,为了保证挤压型腔的表面质量,坯料加工时应保证顶面的表面粗糙度值 Ra 小于 $0.32\ \mu m$。

　　(七)冷挤压用套圈

　　1. 套圈的作用

　　在封闭式冷挤压时,将型腔毛坯置于套圈中进行挤压。套圈的作用是限制模坯材料的径向流动,防止坯料破裂。

　　2. 套圈的种类

　　套圈有单层和双层两种,图3-24为单层套圈,图3-25、图3-26为双层套圈。

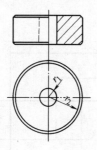 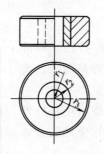 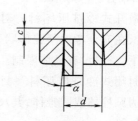

图3-24　单层套圈　　　　图3-25　双层套圈　　　　图3-26　双层套圈压合量关系

　　3. 套圈的材料

　　单层套圈和内套圈的材料一般都选45钢、40Cr等材料制造,热处理硬度为43～48HRC。外层套圈材料为Q235或45钢。

　　(八)冷挤压的润滑

　　1. 润滑目的

　　在冷挤压过程中,挤压冲头与坯料通常都承受2 000～3 500 MPa的压力。如加以必需的润滑可以防止挤压冲头与坯料表面之间的粘附咬合,同时可以减少冷挤压力,从而减少挤压冲头被破坏的可能性,提高挤压冲头的使用寿命。

　　2. 润滑方法

　　(1)除油　对坯料进行除油处理,保证磷化层牢固地附着于坯料表面。除油的方法有多种,可以在型腔冷挤压中用手工以汽油、煤油、四氯化碳等有机溶液除油,也可以用化学方法除油。

　　(2)挤压冲头镀铜或锌　将挤压冲头进行镀铜或锌处理。

　　(3)磷化处理　对坯料进行磷酸盐表面处理。在挤压时用二硫化钼等固体润滑剂的浓缩糊剂,用机油稀释后作为润滑剂。

　　坯料的磷化处理是将坯料放入磷酸盐溶液中进行浸渍,使金属表面形成一层不溶于水的金属磷酸盐薄膜。这种磷化层是多孔性的组织,一般厚度为5～15 μm,与基体金属结合十分牢固并能储存润滑剂,可以保证在高压下使坯料与挤压冲头隔离开来,因此可以减少挤压中的摩擦阻力。

另一种简便的方法是：将硫酸铜水溶液加入质量分数为 2% 的稀硫酸后，将经过去油的挤压冲头与坯料放入浸渍 3~4 s，然后涂以凡士林或机油稀释的二硫化钼润滑剂。

（九）型腔冷挤压工艺

1. 冷挤压的工艺

坯料准备→设计制造挤压冲头→坯料、挤压冲头表面处理→装模→挤压→卸模→检验

2. 型腔冷挤压实例

表 3-14 为有台阶的型腔冷挤压工艺过程。

二、型腔热挤压

（一）型腔热挤压的特点

（1）用较小设备可加工尺寸较大、形状复杂的模具型腔，变形抗力小，塑性高。例如：在 250 ℃挤压时其变形抗力≤20 MPa。

（2）坯料不需预处理，加工工序少，成本低，制模周期短。

（3）模具型腔表面粗糙度和尺寸精度取决于挤压凸模。尺寸精度达±0.01mm，表面粗糙度值 Ra 可达0.2 μm。

（4）采用热挤压可改变合金组织、细化晶粒、强化型腔表面硬度、提高模具寿命。

表 3-14　有台阶的型腔冷挤压

名称	简　图	说　明
型腔要求	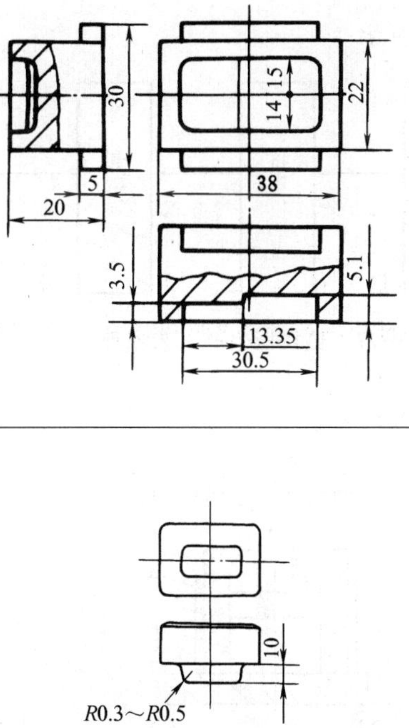	型腔为阶梯形。如一次挤压成形，型腔两侧面均出现阶梯，不符合要求 采用二次挤压可消除此弊病
第一次挤压用挤压冲头		材料:Cr12MoV 硬度:60~63HRC 冲头四周设 0.3~0.5 mm 圆角，可防止第二次挤压时产生痕迹

名称	简 图	说 明
第一次挤压		挤入深度:8 mm 实际挤压力:1 000 kN 使用矩形组合式套圈
第二次挤压用挤压冲头		材料:Cr12MoV 硬度:60~63HRC
第二次反挤压		将第一次挤压后的坯料倒置 挤入深度:4 mm 实际挤压力:800 kN

（二）型腔热挤压工艺

热挤压生产工艺流程如图 3-27 所示。

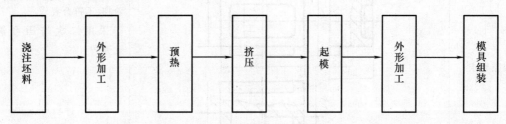

图 3-27 热挤压生产工艺流程

热挤压成形模型腔装置如图 3-28 所示。

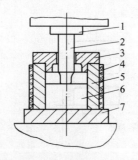

图 3-28 热挤压成形模型腔装置

1—垫块;2—挤压凸模;3—导向套;4—加热圈;5—模套;6—坯料;7—下垫板

热挤压成形可以采用敞开式也可采用封闭式挤压。敞开式挤压成形效果差,故多用封闭式挤压加工。

第五节 超塑成形

以超塑性金属为型腔材料,在超塑性状态下将工艺凸模压入坯料内部,以实现成形加工模具型腔的工艺方法,称为超塑成形加工。用这种方法制造模具的型腔时,材料不会因大的塑性变形而断裂和硬化,是制造复杂形状模具型腔的有效方法。

超塑性是指某些金属材料在一定条件下具有特别好的塑性(有些超塑性材料的伸长率可达100%~2 000%)。凡是伸长率能超过100%的材料,均称为超塑性材料。

一、超塑成形加工的特点

(1)可简化复杂型腔(型芯)的加工工艺,使模具制造周期缩短。

(2)利用金属的超塑性可以一次快速成形而获得形状复杂、尺寸准确、表面光洁、复映性好的型腔或型芯。

(3)超塑性合金模有良好的切削加工、抛光、焊接等性能。

(4)用超塑性合金制作的工艺样件或凸模都可反复使用,成本低。

(5)可用一般压力机进行超塑性成形加工而不需要其他专用设备。

但有些超塑成形材料(如锌铝合金)硬度低,只能用于负荷小的模具。

二、型腔超塑成形工艺

超塑成形模工作零件制造的主要工艺流程如图3-29所示。

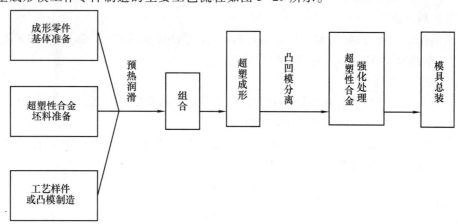

图3-29 超塑成形模工作零件制造的主要工艺流程

(一)成形零件的基体准备

成形零件的基体一般都采用钢制。成形部分为型腔时,为使超塑性合金型腔便于固定或拆卸,基体制成钢外框(护套),即将超塑性合金材料放入外框进行挤压成形,同时使合金流动挤满框内,完成镶嵌后装入型腔板内。

成形部分为型芯时,基体是比型芯小的芯棒。在芯棒上开有沟槽或将芯棒做成倒锥,以保证组合牢固。通常模具与超塑性合金连接面的表面粗糙度值 Ra 为 12.5 μm。

（二）超塑性合金的坯料准备

超塑性合金坯料应尽量接近模具工作零件成形部分的形状。其尺寸根据模具设计要求,按成形前后体积不变的假设先行计算,酌加材料的收缩量。然后选择适当规格棒(或板)料切削加工成坯料或经铸锻预成形,再经试压修正后确定坯料的正确形状和尺寸,使之既保证超塑性合金受挤压时能充分流动填实,又不至于增大飞边。制作坯料的合金若未经超塑性处理或虽已处理过但又存放过久(例如半年以上),均需进行超塑性处理。

（三）工艺凸模的制造

工艺凸模工作时需承受较大的挤压力,同时工作表面和流动超塑性合金之间有着强烈的摩擦,因此,工艺凸模要有足够的强度、硬度及耐磨性。一般制造工艺凸模的材料常用 T8A、T10A、Cr12、Cr12V 等,热处理后的硬度为 58~60HRC,表面粗糙度值 Ra 为 0.32~0.08 μm,精度为 IT9~IT6。

（四）护套

护套一般采用整体结构,应具有足够的强度和刚性。当护套内孔为矩形时,其四角应制成圆角,内壁的表面粗糙度值 Ra 不大于3.2 μm,并具有 1°~3° 的斜度。

（五）超塑成形工艺注意事项

1. 挤压成形的准备工作

(1) 挤压成形前,工作凸模、超塑性合金坯料、成形零件都必须清洗干净。

(2) 有关零件必须连接可靠,如凸模与固定板、模框与加热垫板的连接等。

(3) 为使型腔尺寸准确、表面光洁,需用润滑剂 295 硅酯、201 甲基硅油或硬脂酸锌喷涂在工作凸模及坯料表面。

(4) 预热工作凸模、模框及超塑性合金坯料时,工作凸模和模框(护套)的温度不能低于坯料的温度(一般宜高 10℃ 左右),坯料须均匀加热。

2. 超塑成形的注意事项

(1) 成形温度要严格控制在使超塑成形合金处于最佳的超塑温度区域中,即保持工艺凸模、坯料(ZnAl 22)、成形零件基体为 250±5℃ 的恒温。

(2) 成形挤压力要适当。挤压力与挤压速度成正比,并与凸模形状的复杂程度等因素有关。可采用以下经验公式进行计算:

$$F = pA\eta$$

式中:F——挤压力,N;

p——单位挤压力,MPa,一般为 20~100 MPa;

A——形腔的投影面积,mm^2;

η——修正系数,可在 1~1.6 的范围内选取。

(3) 保压时间要适当,以使超塑性合金在恒温下充分塑性变形。尺寸<30 mm 而形状复杂的对称件,应保压 2~15 min;尺寸较大、不对称形状复杂型腔,应保压 20~30 min。

（六）工艺过程

图 3-30a 是用 ZnAl22 注射模制作的尼龙齿轮。制造尼龙齿轮压缩模型腔的加工过程如图 3-30b 所示。

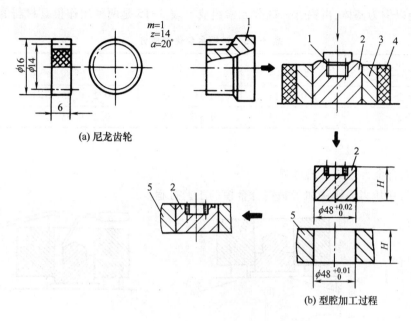

(a) 尼龙齿轮

(b) 型腔加工过程

图 3-30 尼龙齿轮型腔的加工过程

1—工艺凸模;2—模坯;3—护套;4—电阻式加热圈;5—固定板

第六节 铸造成形加工

在产品试制和多品种小批生产中,常要求提供制造成本低、周期短,能保证产品质量和生产批量的模具。这类模具在结构、制造工艺、模具材料选取以及使用等方面均有别于普通钢制模具。

一、铍铜合金铸造

铍铜合金铸造是将铍铜合金熔化,浇注到铸型内,在压力机的压力下使合金冷却凝固成形而获得所需模具型腔的一种制模方法。

（一）铍铜合金铸造的特点

（1）导热性好,耐腐蚀,经过热处理后可获得较高的强度和硬度(可达 45~50HRC)。

（2）可制成形状复杂、不规则及难用切削方法进行加工的模具型腔。

（3）由于是采用压力铸造,可以消除铸造方法的缺陷(如气孔、疏松等)而使金属材质致密。

（二）适用范围

（1）适合制造精密、多型腔模具。

（2）为了降低制模成本,一般只用铍铜合金制成模具镶件并将其镶入模具的固定板内进行工作。

（3）适合制造精密型腔及有花纹图案的模具工作件。

（三）铍铜合金的化学成分

铍铜合金以铜为基体，由铝、钴、硅等元素组成。表3-15是两种用作模具材料的化学成分。

表3-15　铍铜合金化学成分

化学成分 合金名称	$w_{Al}/\%$	$w_{Co}/\%$	$w_{Si}/\%$	$w_{Cu}/\%$
20C 合金	1.9~2.15	0.35~0.65	0.2~0.35	余量
275C 合金	2.5~2.75	0.35~0.65	0.2~0.35	余量

（四）铍铜合金铸造的工艺过程

图3-31为用压力铸造法加工铍铜合金模的工艺过程。

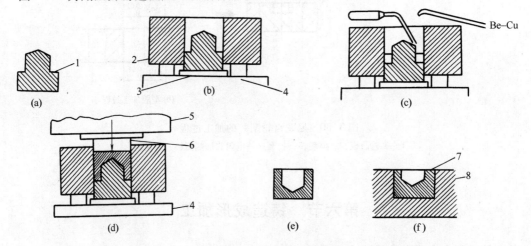

图3-31　用压力铸造法加工铍铜合金模的工艺过程
1—模型；2—铸造模框；3—安装板；4—固定板；5—动板；6—柱塞；7—模衬；8—模板

1. 制造模型

模型一般采用中碳钢或耐热模具钢制成，经热处理后硬度可达45~50HRC。

模型应有一定的起模斜度，以保证铸造后模型从铍铜合金型腔中起出。起模斜度一般取1/50~1/100。设计模型尺寸时，除应考虑制件材料收缩率外，还应考虑铍铜合金的收缩率及加工余量等因素。收缩率与制件形状有关，一般型腔收缩率取3/1 000左右，型芯收缩率取6/1 000~8/1 000。

2. 铸造模框

铸造模框用有足够的强度的普通钢板制成。模框与模型应配合严密且有一定起模斜度，浇注后合金不能从缝隙中流出。

3. 浇注

浇注之前将模型连同模框固定在油压机垫板上，并将它们预热至200 ℃以上。浇注时，将熔化后的铍铜合金从模型四周底部浇入，避免直接冲击模型。应使合金液面缓慢升高，一直达到模具所需高度时停止浇注。然后将压力机上滑块慢慢压入,使合金液在一定压力下凝固冷却成形。

4. 起模

待合金冷却至室温时,即可起模。起模时先从模框中起出铍铜合金型腔,再从铍铜合金型腔中起出模型。(起出模型时应预先考虑好分模方法并准备好专用工具)。

5. 组装

首先对压力铸造后的铍铜合金镶件的外形进行加工,然后将镶件装入模板。铍铜合金凹模表面加工余量为 0.5~1.5 mm,可根据制件表面粗糙度要求对模具型腔进行手工抛光或其他修饰加工。

二、锌合金铸造

锌合金模是采用锌(基)合金制造工作零件的模具。锌合金是为了克服低熔点合金作为模具材料所存在的强度低、硬度低、使用寿命低的缺点而发展起来的。

(一)锌合金铸造的特点

(1)锌合金熔点不高(380℃),能用简单设备和技术加以熔化和浇注。

(2)铸模复制性好,无论是用砂型、石膏型还是用金属型铸造,都可得到均匀的组织。

(3)具有良好的重熔性和重铸性,锌合金可以反复利用,其性能变化不太大。

(4)锌合金铸件的机械加工性好,易得良好的光亮表面。

(5)锌合金比低熔点合金有较高的强度、硬度(强度约为铋锡合金的 4~5 倍,接近于低碳钢,硬度为铋锡合金的 6~7 倍),耐压、耐磨性也较好,而且比低熔点合金价廉,原料供应也较方便。

(6)铸模有一定的收缩性,但收缩不够稳定,易影响模具尺寸精度,不适于高精度及大型的成形模(不直接作为工作零件而作为基体者除外)。

(7)锌合金防腐蚀性较差。由于锌、铝均属两性金属,化学性强,因此防腐性较差。

(二)适用范围

锌合金冲裁模不但可用于单工序模,还可用于多工序复合模和级进模。在级进模中,为便于控制步距,常采用拼块结构的凹模。锌合金冲裁模一般可冲裁0.16 mm厚的板料,冲裁长度为6~7 mm。锌合金可以用于制造弯曲、成形、拉深、注射、陶瓷等模具的工作零件,还可以用于制成拉深模的压边圈以及钢(皮)带冲模的凸凹模固定板。但锌合金的抗压强度不高,所能承受的工作温度低,因此它的应用受到一定的局限。

(三)锌合金的化学成分

制造模具的锌合金以锌为基体,由锌、铜、铝、镁等元素组成。表 3-16 是两种用作模具材料的化学成分。

表 3-16　锌合金模具材料的化学成分

$w_{Al}/\%$	$w_{Cu}/\%$	$w_{Mg}/\%$	$w_{Pb}/\%$	$w_{Cd}/\%$	$w_{Fe}/\%$	$w_{Sn}/\%$	$w_{Zn}/\%$
3.9~4.2	2.85~3.35	0.03~0.06	<0.003	<0.001	<0.02	微量	其余
4.10	3.02	0.049	<0.001 5	<0.000 7	<0.009	微量	其余

（四）锌合金铸造的工艺过程（砂型铸造）

采用砂型铸造锌合金模时，先利用木模或石膏或样件造出锌合金凸模砂型，浇注出凸模，再将凸模修饰后覆盖一层厚度均匀的红砂或耐热石墨涂料，作为凹、凸模之间的间隙层；再围以砂箱或模框，造出锌合金凹模砂型，浇注出凹模。这种锌合金铸造的工艺过程见表3-17。

三、陶瓷型铸造

陶瓷型铸造是在砂型铸造的基础上发展起来的一种铸造新工艺。它是用耐火材料和粘结剂等配制而成的陶瓷浆浇注到模型上，在催化剂的作用下使陶瓷浆结胶硬化，形成陶瓷层的型腔表面，然后再经合型、浇注熔化金属，清理后即得到型腔铸件。

（一）陶瓷型铸造的特点

（1）由于陶瓷型铸模采用热稳定性高、粒度细的耐火材料，灌浆后的表面光滑，因此铸件尺寸精度高，可达IT18~IT10，表面粗糙度值 Ra 可达 10~1.25 μm。

（2）投资少，准备周期短，不需要特殊设备。

（3）可铸造大型精密铸件，最大陶瓷型铸件可达10t。

（4）使用寿命比较长。

由于陶瓷型铸造所用硅酸乙酯、刚玉粉原料价格较高，资源不丰富，并且铸件的精度不能完全达到模具型腔的要求，因此对形状复杂、精度要求高的模具仍需要采用其他方法进行加工。

表3-17　锌合金拉深模的锌合金工作零件铸造工艺过程（砂型铸造）

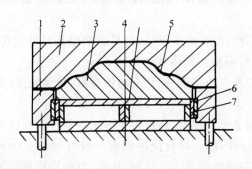

序号	工序	工艺说明	示意图
1	做凸模模型	可用木模或石膏模（能用铁皮样件时也可用样件）	
2	造凸模砂型	1. 型砂面砂用细砂，其他用粘土砂加1%膨润土，大件可用二氧化碳自硬砂 2. 利用模型8造成砂型9，翻箱，取出模型，开浇注系统	

序号	工序	工艺说明	示意图
3	浇注锌合金凸模	熔化及浇注锌合金凸模3,采用二次浇注法,即在合金初次充满型面后,稍等片刻(约1 min)再浇满型腔及浇口处。补偿收缩浇注时要缓慢细流,冷却后取出,修整	
4	造浇注锌合金凹模型腔砂型及浇注凹模	1. 利用已做好的锌合金凸模3为模型,涂上耐热石墨粉基涂料的间隙层5(相当于冲件) 2. 在砂箱内(或围以模框)做出凹模型腔砂型10 3. 预热型腔,熔化、浇注锌合金凹模2,采用二次浇注法(与浇凸模同),冷却后取出,修整(包括加工基面)	
5	造压边圈砂型及浇注锌合金	1. 正放凹模2 2. 以凹模进料圆角边缘为界,周框比凹模大(可用垫板12),造出压边圈砂型11 3. 熔化,浇注锌合金压边圈1	
6	加工及装配	1. 加工压边圈各平面(包括装导板6的面装导板) 2. 将锌合金凸模固定在固定板4上,在固定板上装好导板7 3. 安装凹模	

（二）陶瓷型铸造的工艺过程

陶瓷型铸造的工艺过程如图3-32所示。

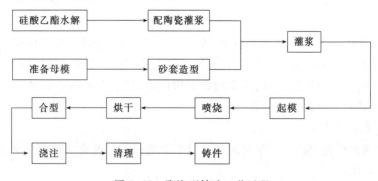

图3-32 陶瓷型铸造工艺过程

（三）造型工艺

采用水玻璃砂底套的陶瓷型造型过程如图 3-33 所示。

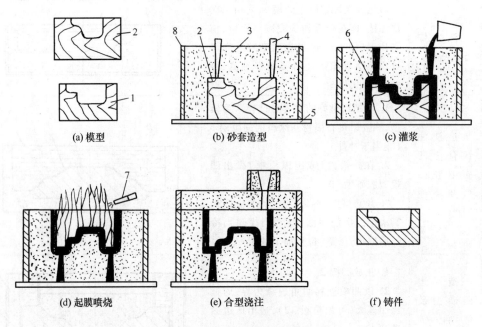

(a) 模型　　　　　　(b) 砂套造型　　　　　　(c) 灌浆

(d) 起膜喷烧　　　　　(e) 合型浇注　　　　　　(f) 铸件

图 3-33　砂底套的陶瓷型造型工艺

1—精母模；2—粗母模；3—水玻璃砂；4—排气孔及灌浆孔；5—垫板；6—陶瓷浆；7—空气喷嘴；8—砂箱

1. 母模制作

母模是用来制造陶瓷型的模型，常用的材料有木材、石膏、塑料、金属等。用于砂套砂型的母模称粗母模，用于灌制陶瓷浆造型的母模称精母模，如图 3-33a 所示。因母模的表面质量对铸件的表面粗糙度值有直接影响，所以母模表面粗糙度值应比铸件表面粗糙度值小。一般铸件表面粗糙度值 Ra 为 $10\sim2.5\ \mu m$，母模表面粗糙度值 Ra 为 $2.5\sim0.63\ \mu m$。粗母模的轮廓尺寸较精母模尺寸均匀放大或缩小，两者之间相应尺寸之差就是陶瓷的厚度（一般为 $5\sim8\ mm$）。

2. 砂套造型

如图 3-33b 所示，将粗母模置于平板上，外面套上砂箱，在母模上竖立两根圆锥木棒，然后，填充水玻璃砂，将砂击实并在砂套上打上气眼便可以起模，然后吹注二氧化碳使砂套硬化，即可得到所需水玻璃砂底套。将母模上的两个圆锥木棒拔出，其上面的两个圆锥孔一个孔是陶瓷浆的灌浆孔，另一个孔是灌浆时的排气孔。

3. 陶瓷层材料的灌浆

陶瓷层是由耐火材料、粘结剂、催化剂和透气剂等组成的。改变粘结剂的加入量可以调节陶瓷浆的粘度和流动性。

正确掌握灌浆时间是制作高质量陶瓷层的关键。若灌浆过早，陶瓷浆还很稀，由于耐火材料和水解液的密度不同，易产生偏析而降低强度。若灌浆过迟，因陶瓷浆已开始结胶而粘度变大，充不满铸型可使铸件报废。

4. 起模、喷烧和焙烧

灌浆后待陶瓷浆料结胶硬化便可起模。起模后立即点火喷烧并通压缩空气助燃,去除陶瓷型内残存的水分和少量有机物质,并使陶瓷层的强度增加,如图 3-33d 所示。待陶瓷层的火焰熄灭后移入高温炉中焙烧。陶瓷型焙烧温度为 300~600 ℃,升温速度为 100~300 ℃/h,保温时间为 1~3 h,出炉温度在 250 ℃ 以下,以免产生裂纹。

最后,将已经焙烧的陶瓷型按图 3-33e 所示进行合型,并浇注已熔化好的金属液,等铸件冷却后经清理便得到所需的型腔铸件。

(四)陶瓷型铸造的常用材料

1. 砂套造型材料

陶瓷型铸造模的型腔所用的陶瓷材料价格较高,为了节约贵重材料,降低成本,只有小型的陶瓷型腔全部用陶瓷浆料灌制。大型的陶瓷型一般采用带底套的陶瓷型,即与熔化金属相接触的面层用陶瓷材料浇注,其余部分用砂型底套代替陶瓷材料。常用的砂套型砂材料一般采用水玻璃砂,主要由石英砂、石英粉、粘土、水玻璃和适量的水混合而成。

2. 陶瓷层材料

制造陶瓷层所用的材料包括耐火材料、粘结剂、催化剂、起模剂、透气剂等。

(1)耐火材料 陶瓷层的耐火材料一般要求杂质少、熔点高、高温热膨胀系数小。耐火材料一般为刚玉粉、铅钒土、石英粉、碳化硅锆砂($ZrSiO_4$)等,一般使用的粒度在 $60^\#$~$320^\#$ 之间,可以粗、中、细混合使用。

(2)粘结剂 陶瓷常用的粘结剂是硅酸乙酯水解液。硅酸乙酯分子式为 $(CH_5O)_4Si$,它不能起粘结剂的作用,只有在水解后成为硅酸溶胶才能作为粘结剂使用。可将溶质硅酸乙酯和水在溶剂酒精中通过盐酸的催化作用发生水解反应,得到硅酸溶液(即硅酸乙酯水解液)。为防止陶瓷在喷烧及焙烧过程中产生裂纹,水解时可加入质量分数约为 0.5% 的甘油或醋酸,以增加其强度和韧性。

(3)催化剂 硅酸乙酯水解液的 pH 值一般在 0.2~0.26 之间,稳定性较好,当与耐火粉料混合后并不能在短时间内结胶。为了能控制陶瓷浆结胶时间,必须加入催化剂。常用的催化剂有氢氧化钙、氧化镁、氧化钠、氧化钙等。

用氢氧化钙和氧化镁作催化剂操作简单、易于控制,加入量的多少可根据铸型的大小而定。对大型铸件,氢氧化钙加入量为每 100 ml 硅酸乙酯水解液 0.35 g,结胶时间为 8~10 min。中小铸件的用量为 0.45 g,结胶时间为 3~5 min。

(4)起模剂 硅酸乙酯水解液和模型的附着力很强。为了防止粘模,不影响型腔表面质量,需用起模剂使模型和陶瓷型分开。常用的起模剂有上光蜡、机油、变压器油、有机硅油及凡士林,若将上光蜡与机油同时使用效果更佳。使用起模剂前应先将模型表面擦干净,均匀涂上一层上光蜡并用软干布擦至均匀光亮,然后在其上面涂一层均匀而薄的机油,即可保证起模顺利。

(5)透气剂 陶瓷型经喷烧后,其表面的透气性较差。为了增加其透气性,一般在陶瓷浆料中加入透气剂。目前常用的透气剂为双氧水。双氧水加入后会迅速分解放出氧气,形成无数细小的气泡,使陶瓷型的透气性能提高。双氧水加入量为耐火粉料质量的 0.2%~0.3%。用量过多会使陶瓷产生裂纹、变形及气孔等缺陷。在使用双氧水时应注意安全防护,防止接触皮肤以免造成灼伤。

第七节 合成树脂模加工

合成树脂密度小、质量轻、成形容易、制模周期短、使用方便。这种材料可用来制造中小注射模的型腔或铝板、薄钢板的拉深及弯曲模的凹模,也可用于新产品试制或批量较小的生产。用合成树脂制造型腔常用的方法为浇注成形法。

一、型腔浇注成形的工艺过程

采用浇注成形法制造模具型腔的工艺过程,由于使用树脂的不同而有所不同。下面以环氧树脂浇注型腔为例来说明其工艺过程(见图 3-34)。

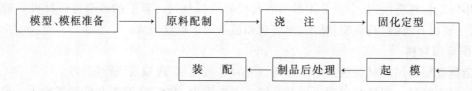

图 3-34 环氧树脂浇注型腔的工艺过程

1. 模型及模框的准备

模型是浇注型腔用的,可用木材、石膏、金属或塑料材料制作。木模型和石膏模型应充分干燥,以免浇注时产生气泡,造成型腔表面龟裂。木模型的表面要用虫胶漆或石蜡填缝。为了防止树脂和木模粘接,需在木模型与树脂接触表面涂刷起模剂,以利于起模。

浇注树脂型腔时,为了限制树脂的流动,使树脂成为一定几何形状,模型要用适当的模框围起来。模框和模型相对固定后,在它们之间形成浇注树脂的空间。如果模框需要与浇注的树脂型腔分离,则须在模框内侧面涂刷起模剂。

2. 原料配制

通常使用双酚 A 型环氧树脂浇注型腔,原料配制时,需加入固化剂。常用的固化剂有两类。一类是胺类固化剂,它能使环氧树脂在室温下固化,因此使用很方便;但其毒性较大,选用时必须注意操用安全。另一类是酸酐类固化剂,它的毒性小,但需加热后才能使环氧树脂固化,因此使用很不方便。

为了提高树脂型腔的冲击韧性,降低配料时树脂溶液的质量分数,有利于填料的浸润等,原料配制时可加入少量的增塑剂(如邻苯二甲酸二丁酯、邻苯二甲酸二辛酯、癸二酸二丁酯等),用量一般为树脂量的 10%~20%。有时为了降低树脂的粘度、方便浇注,还可加入稀释剂(一般用量为树脂的 5%~20%)。

(1)浇注型腔常用的配方 为了满足型腔性能和浇注时的成形工艺条件,需要选定适当的配方。浇注环氧树脂型腔常用的配方见表 3-18。

表 3-18　浇注型腔用环氧树脂配方　　　　　　　　　　　　　　　　份

原　料 　　　　　　　配　方	I	II	III
6207 环氧树脂(工业用)		83	83
634 环氧树脂(工业用)	100	17	17
铝粉(100# ~ 200#)	170	220	150
还原铁粉			100
均苯四甲酸酐	21		
顺丁烯二酸酐	19	48	48
甘油		5.8	5.8

（2）环氧树脂混合料的配制　　配制前要对树脂和各种原料进行干燥处理。配制用的容器要清洁,不得有油脂。在配制过程中,应使原料组分完全混合均匀、排除溶液中的空气和挥发物并控制好固化剂的加入温度。按照选定配方,准确称量好各种原料。混合料的配制顺序可按以下步骤进行:

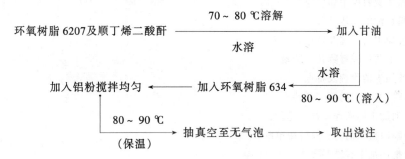

3. 浇注及固化

将已经混合好的环氧树脂混合料,浇注到已固定好的模型和模框内,使其充满模型和模框之间形成的浇注空间。然后,先将其放入 90 ℃的烘干箱中保温 3 h,再升温至 120 ℃时保温3 h,再次升温至 180 ℃保温 20 h 后,经缓慢冷却后即可开模取出型腔制件。

4. 制品的后处理

环氧树脂浇注的型腔制件,经过修整后即可装配到注射模上(在需要的情况下,可以对环氧树脂型腔制件进行切削加工)。

二、浇注型腔常用的合成树脂

合成树脂种类很多,因此其性能区别也很大。目前,用于制造模具型腔的合成树脂主要有以下几种:

1. 环氧树脂

环氧树脂属于热固性的树脂,在常温下具有较高的强度和良好的耐碱、盐和有机溶剂等化学

· 147 ·

药品的侵蚀能力。其收缩率在加入填料后达到 0.1%，但其冲击韧性低、质脆，需加入适量的填料、稀释剂、增韧剂等来改善性能。

2. 聚酯树脂

浇注用的热固性的不饱和聚酯树脂，强度高、化学性能稳定、成形方法容易，并且可在常温常压下固化。但由于聚酯树脂的收缩率较大，所以制作模具型腔时，必须考虑树脂的收缩率对型腔精度的影响。

3. 酚醛树脂

酚醛树脂是热固性树脂，是用来制造模具零件较早使用的树脂材料。它的成形收缩率小，价格便宜，资源丰富。但由于其本身较脆，应用时必须加入其他填料来改善性能。

4. 塑料钢

塑料钢是铁粉和塑料的混合物，加入特殊固化剂后，不需要加压、加热，经 2 h 左右即可固化成制品。另外其也能像粘土一样自由造型。塑料钢可作拉深模，其缺点是价格昂贵。

思 考 题

1. 试述超声加工的原理及特点。

2. 超声加工的工艺过程由哪几个阶段组成？

3. 试述化学腐蚀的原理及特点。

4. 照相腐蚀在塑料模中如何应用？

5. 简述照相腐蚀的工艺过程。

6. 试述电铸加工的原理及特点。

7. 电铸加工工艺过程有哪几个阶段？

8. 试述电解加工的原理及特点。

9. 试述电解抛光加工的原理及特点。

10. 电解磨削加工的原理及特点是什么？

11. 试述型腔冷挤压的特点及应用范围。

12. 型腔冷挤压加工有哪些方式？

13. 简述型腔冷挤压和热挤压工艺要点。

14. 试述超塑成形工艺要点。

15. 简述铍铜合金制造塑料模型腔的工艺过程。

16. 用锌合金制作成的模具工作零件有哪些特点？

17. 水玻璃砂底套的陶瓷造型工艺过程包括哪些主要内容？

第四章　模具装配

　　模具装配就是根据模具的结构特点和技术条件,以一定的装配顺序和方法,将符合图样技术要求的零件,经协调加工,组装成满足使用要求的模具的装配过程。模具装配的质量可直接影响制件的质量及模具的使用、维修和模具寿命。

第一节　概　　述

一、模具装配的组织形式及方法

（一）模具装配的组织形式

模具装配的组织形式主要取决于模具的生产批量,通常有固定式装配和移动式装配两种。

1. 固定式装配

固定式装配是指在固定的工作地点将零件装配成部件或模具的组织形式。它可以分为集中装配和分散装配两种形式。

（1）集中装配　集中装配是指由一个组（或一个人）在固定地点,完成模具的全部装配工作,将零件组装成部件或模具的组织形式。

（2）分散装配　分散装配是指将模具装配的全部工作分散为各部件的装配和总装配,在固定的地点完成装配的组织形式。

2. 移动式装配

移动式装配的每一装配工序都按一定的时间完成,装配后的部件或模具经传送工具输送到下一个工序。根据传送工具的运动情况,移动式装配可分为断续移动式和连续移动式两种。

（1）断续移动式　断续移动式是指每一组装配工人在一定的周期内完成一定的装配工序,组装结束后由传送工具周期性地输送到下一道装配工序的组织形式。

（2）连续移动式　连续移动式是指装配工作在输送工具以一定速度连续移动的过程中完成的组织形式。其装配的分工原则与断续移动式基本相同,不同的是传送工具作连续运动,装配工作必须在一定的时间内完成。

（二）模具装配的方法

1. 互换装配法

互换装配法的实质是通过控制零件制造加工误差来保证装配精度。按互换程度可分为完全互换装配法和部分互换装配法。

（1）完全互换装配法　完全互换装配法是指装配时各配合零件不经选择、修理和调整即可达到装配精度的要求。

要使装配零件达到完全互换,其装配精度要求和被装配零件的制造公差之间应满足以下条件,即:

$$\delta_\Delta \geqslant \delta_1 + \delta_2 + \cdots + \delta_n$$

式中：δ_Δ——装配允许的误差（公差）；

δ_i——各有关零件的制造公差。

采用完全互换装配法时，如果装配的精度要求高，装配尺寸链的组成环较多，则易造成各组成环的公差很小，零件加工困难。但该法具有装配工作简单、质量稳定、易于流水作业、效率高、对装配工人技术水平要求低、模具维修方便等优点，因此被广泛应用于模具和其他机器制造业，特别适用于大批生产、尺寸组成环较少的模具零件的装配工作。

（2）部分互换装配法（概率法）　部分互换装配法是指装配时，各配合零件的制造公差将有部分不能达到完全互换装配的要求。这种方法的条件是各有关零件公差值平方之和的开方根小于或等于允许的装配误差，即：

$$\delta_\Delta \geqslant \sqrt{\delta_1{}^2 + \delta_2{}^2 + \cdots + \delta_n{}^2}$$

与完全互换装配法相比，零件的公差可以放大些，克服了采用完全互换装配法计算出来的零件尺寸偏高、制造困难的不足等缺点，使加工容易而经济，同时仍能保证装配精度。采用这种方法存在着超差的可能，但超差的几率很小，合格率为 99.73%，只有少数零件不能互换。

2.修配装配法

修配装配法是指装配时修去指定零件的预留修配量，使之达到装配精度要求的方法。

这种方法广泛应用于单件或小批生产的模具装配工作。常用的修配方法有以下两种：

（1）指定零件修配法　指定零件修配法是在装配尺寸链的组成环中，预先指定一个零件作为修配件，并预留一定的加工余量，装配时再对该零件进行切削加工，使之达到装配精度要求的加工方法。

指定的零件应易于加工，而且在装配时它的尺寸变化不会影响其他尺寸链。如图 4-1 所示为压缩模，装配后要求上、下型芯在 B 面上接触，凹模的上下平面与上下固定板在 A、C 面上同时保持接触。为了保证零件的加工和使装配简化，选择凹模为修配件。凹模的上下平面在加工时预留一定的修配余量，其大小可根据具体情况或经验确定。修配前应进行预装配，测出实际的修配余量大小，然后拆开凹模按测出的修配余量修配，再重新装配达到装配要求。

（2）合并加工修配法　合并加工修配法是将两个或两个以上的配合零件装配后，再进行机械加工，以达到装配精度要求的方法。

零件组合后所得到的尺寸作为装配尺寸链中的一个组成环对待，从而使尺寸链的组成环数减少、公差扩大，更容易保证装配精度的要求。图 4-2 中，当凸模和固定板组合后，要求凸模上端面和固定板的上平面为同一平面。采用合并加工修配法在单独加工凸模和固定板时，对 A_1 和 A_2 尺寸可不严格控制，而是将两者组合在一起后磨削上平面，以保证装配要求。

3.调整装配法

调整装配法是用改变模具中可调整零件的相对位置或变化一组固定尺寸零件（如垫片、垫圈），来达到装配精度要求的方法，其实质与修配装配法相同。常用的调整装配法有以下两种：

（1）可动调整法　可动调整法是在装配时，用改变调整件的位置来达到装配要求的方法。如图 4-3 所示为冲模的弹性顶件装置，通过旋转螺母、压缩橡胶，使顶出力增大。

（2）固定调整法　固定调整法是在装配过程中选用合适的形状、尺寸调整件，达到装配要求的方法。图 4-4 为注射模滑块型芯水平位置的调整，可通过更换调整垫的厚度而达到装配精度的要求。采用固定调整法时应根据预装配时对间隙的测量结果,选择一个适当厚度的调整垫进行装配,以达到所要求的型芯位置。

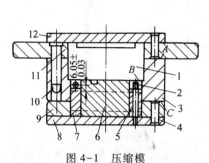

图 4-1 压缩模

1—上型芯;2—嵌件螺钉;3—凹模;4—销钉;
5、7—型芯拼块;6—下型芯;8、12—支承板;
9、11—上、下固定板;10—导柱

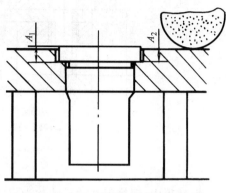

图 4-2 合并加工修配法

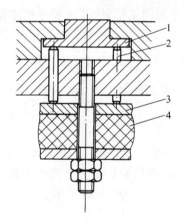

图 4-3 弹性顶件装置

1—顶料板;2—顶杆;3—垫板;4—橡胶

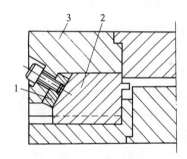

图 4-4 固定调整法

1—调整垫;2—滑块型芯;3—定模板

二、模具的装配尺寸链

装配模具时,将与某项精度指标有关的各个零件尺寸依次排列,形成一个封闭的链形尺寸组合,称为装配尺寸链。组成装配尺寸链的有关尺寸按一定顺序首尾相接构成封闭图形,如图 4-5b 所示。

(一)装配尺寸链的组成

组成装配尺寸链的每一个尺寸都称为装配尺寸链环。图 4-5a 中共有 5 个装配尺寸链环(A_0、A_1、A_2、A_3、A_4)。装配尺寸链环可分为封闭环和组成环两大类。

1. 封闭环的确定

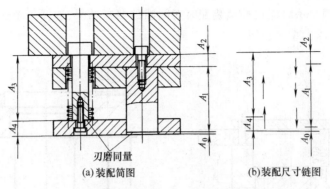

(a) 装配简图   (b) 装配尺寸链图

图 4-5　装配尺寸链简图

在装配过程中,间接得到的尺寸称为封闭环。封闭环往往是装配精度要求或是技术条件要求的尺寸,用 A_0 表示,如图 4-5 中的 A_0 尺寸。在装配尺寸链的建立中,首先要正确地确定封闭环,封闭环找错了,整个尺寸链的解也就错了。

2. 组成环的查找

在装配尺寸链中,直接得到的尺寸称为组成环,用 A_i 表示,如图 4-5 中 A_1、A_2、A_3 和 A_4。由于装配尺寸链是由一个封闭环和若干个组成环所组成的封闭图形,故装配尺寸链中组成环的尺寸变化必然引起封闭环的尺寸变化。当某组成环尺寸增大(其他组成环尺寸不变)时封闭环尺寸也随之增大,则该组成环为增环,以 $\overrightarrow{A_i}$ 表示,如图 4-5 中 A_3 和 A_4。当某组成环尺寸增大(其他组成环不变)时封闭环尺寸反而随之减小,则该组成环称为减环,用 $\overleftarrow{A_i}$ 表示,如图 4-5 中的 A_1 和 A_2。

3. 快速确定增环和减环的方法

为了快速确定组成环的性质,可先在装配尺寸链图上平行于封闭环沿任意方向画一箭头,然后沿此箭头方向环绕装配尺寸链一周,平行于每一个组成环尺寸依次画出箭头。箭头指向与封闭环相反的组成环为增环,箭头指向与封闭环相同的为减环,如图 4-5b 所示。

(二) 装配尺寸链计算的基本公式

计算装配尺寸链的目的是求出装配尺寸链中某些环的公称尺寸及其上、下极限偏差。生产中一般采用极值法,其基本公式如下:

$$A_0 = \sum_{i=1}^{m} \overrightarrow{A_i} - \sum_{i=m+1}^{n-1} \overleftarrow{A_i}$$

$$A_{0max} = \sum_{i=1}^{m} \overrightarrow{A}_{imax} - \sum_{i=m+1}^{n-1} \overleftarrow{A}_{imin}$$

$$A_{0min} = \sum_{i=1}^{m} \overrightarrow{A}_{imin} - \sum_{i=m+1}^{n-1} \overleftarrow{A}_{imax}$$

$$B_s A_0 = \sum_{i=1}^{m} \overrightarrow{B_s A_i} - \sum_{i=m+1}^{n-1} \overleftarrow{B_x A_i}$$

$$B_x A_0 = \sum_{i=1}^{m} \overrightarrow{B_x A_i} - \sum_{i=m+1}^{n-1} \overleftarrow{B_s A_i}$$

$$T_0 = B_s A_0 - B_x A_0$$

$$A_{0m} = \sum_{i=1}^{m} \overrightarrow{A_{im}} - \sum_{i=m+1}^{n-1} \overleftarrow{A_{im}}$$

式中：n——包括封闭环在内的尺寸链总环数；

m——增环的数目；

$n-1$——组成环(包括增环和减环)的数目。

上述公式中用到的尺寸及偏差或公差符号见表 4-1。

表 4-1 装配尺寸链的尺寸及偏差符号

环名	符 号 名 称						
	公称尺寸	上极限尺寸	下极限尺寸	上极限偏差	下极限偏差	公差	平均尺寸
封闭环	A_0	A_{0max}	A_{0min}	$B_s A_0$	$B_x A_0$	T_0	A_{0m}
增环	$\overrightarrow{A_i}$	$\overrightarrow{A_{imax}}$	$\overrightarrow{A_{imin}}$	$\overrightarrow{B_s A_i}$	$\overrightarrow{B_x A_i}$	$\overrightarrow{T_i}$	$\overrightarrow{A_{im}}$
减环	$\overleftarrow{A_i}$	$\overleftarrow{A_{imax}}$	$\overleftarrow{A_{imin}}$	$\overleftarrow{B_s A_i}$	$\overleftarrow{B_x A_i}$	$\overleftarrow{T_i}$	$\overleftarrow{A_{im}}$

(三)装配尺寸链的计算举例

应用装配尺寸链来解决装配精度问题,其步骤是:建立装配尺寸链;确定装配工艺方法;进行尺寸链计算;最终确定零件的制造公差。

以下例题采用互换装配法,说明装配尺寸链各组成环的公差和极限偏差的计算过程。

例 图 4-6 所示为注射模斜楔锁紧滑块机构。模具装配精度和工作要求是在空模闭合状态时,必须使定模内平面至滑块分型面有 0.18～0.30 mm 的间隙;当模具在闭合注射后,左、右滑块沿着斜楔滑行产生锁紧力,确保左、右滑块分型面密合,不产生塑件飞边。

已知各零件基本尺寸为:$A_1 = 57$, $A_2 = 20$, $A_3 = 37$, A_0 的尺寸变动范围为 0.18～0.30 mm。试采用互换装配法装配,确定各组成环的公差和极限偏差。

解:首先绘制装配尺寸链简图,如图 4-6b 所示。

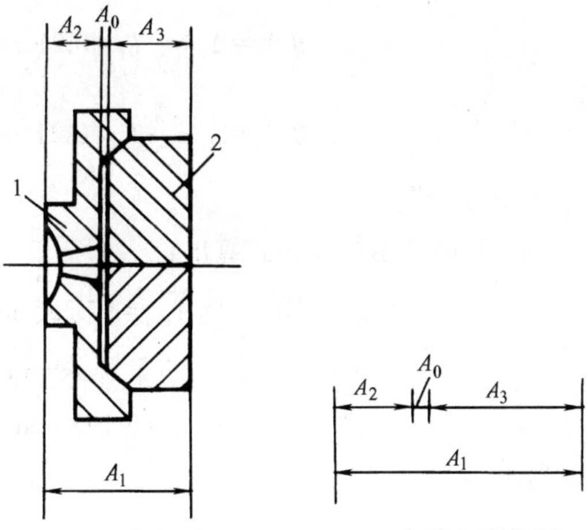

由于 A_0 是在装配过程中最后间接形成的,故为封闭环,A_1 为增环,A_2、A_3 为减环。

封闭环的基本尺寸 A_0 为:

(a)装配简图 (b)装配尺寸链简图

图 4-6 斜楔锁紧滑块机构及其装配尺寸链简图
1—定模;2—左、右滑块

$$A_0 = \sum \overrightarrow{A_i} - \sum \overleftarrow{A_i} = A_1 - (A_2 + A_3) = [57 - (20 + 23)]\ \text{mm} = 0$$

符合模具技术规定要求 $A_0 = 0$。封闭环的公差 T_0 为:

$$T_0 = B_s A_0 - B_x A_0 = (0.30 - 0.18)\ \text{mm} = 0.12\ \text{mm}$$

(1)各组成环的平均公差 T_{im} 为:

$$T_{im} = \frac{T_0}{m} = \frac{0.12}{3} \text{ mm} = 0.04 \text{ mm}$$

式中：m——组成环环数。

（2）确定各组成环公差。以平均公差为基础，按各组成环公称尺寸的大小和加工难易程度调整，取：

$$T_1 = 0.05 \text{ mm}$$

$$T_2 = T_3 = 0.03 \text{ mm}$$

（3）确定各组成环的极限偏差。留 A_1 为调整尺寸，其余各组成环按包容尺寸下极限偏差为零，被包容尺寸上极限偏差为零，确定为：

$$A_2 = 20_{-0.03}^{\ 0}$$

$$A_3 = 37_{-0.03}^{\ 0}$$

这时各组成环的中间偏差为：

$$\Delta_2 = -0.015 \text{ mm}$$

$$\Delta_3 = -0.015 \text{ mm}$$

$$\Delta_0 = 0.18 \text{ mm} + \frac{T_0}{2} = 0.24 \text{ mm}$$

计算组成环 A_1 的中间偏差 Δ_1：

$$\Delta_1 = \Delta_0 - (\Delta_2 + \Delta_3) = 0.24 \text{ mm} + (-0.015 - 0.015) \text{ mm} = 0.21 \text{ mm}$$

组成环 A_1 的上极限偏差和下极限偏差为：

$$B_s A_1 = \Delta_1 + \frac{1}{2} T_1 = 0.21 \text{ mm} + \frac{1}{2} \times 0.05 \text{ mm} = 0.235 \text{ mm}$$

$$B_x A_1 = \Delta_1 - \frac{1}{2} T_1 = 0.21 \text{ mm} - \frac{1}{2} \times 0.05 \text{ mm} = 0.185 \text{ mm}$$

于是 $A_1 = 57_{+0.185}^{+0.235}$。

（4）验证。由前述公式算出：

$$A_{0max} = \sum \overrightarrow{A}_{max} - \sum \overleftarrow{A}_{min} = 57.235 \text{ mm} - (19.97 + 36.97) \text{ mm} = 0.295 \text{ mm}$$

$$A_{0min} = \sum \overrightarrow{A}_{min} - \sum \overleftarrow{A}_{max} = 57.185 \text{ mm} - (20 + 37) \text{ mm} = 0.185 \text{ mm}$$

$$T_0 = A_{0max} - A_{0min} = 0.295 \text{ mm} - 0.185 \text{ mm} = 0.11 \text{ mm} < 0.12 \text{ mm}$$

符合要求。

第二节　冷冲压模具的装配

冷冲压模具（以下简称冲模）主要包括冲裁模、弯曲模、拉深模、成形模和冷挤压模等。冲模的装配就是按照图样要求，将冲模的各个零件、组件通过定位和固定而连接在一起，使之达到装配技术要求的过程。

一、模架的装配

（一）模架的技术标准

冲模模架技术标准（GB/T 2854—1990）的主要内容如下：

（1）装入模架的每对导柱和导套的配合状况应符合表4-2的规定。

表4-2　导柱和导套间的配合要求

配合形式	导柱直径/mm	符合精度		配合后的过盈量/mm
		H6/h5（Ⅰ级）	H7/h6（Ⅱ级）	
		配合后的间隙值/mm		
滑动配合	≤18	≤0.010	≤0.015	—
	>18~25	≤0.011	≤0.017	
	>25~50	≤0.014	≤0.021	
	>50~80	≤0.016	≤0.025	
滚动配合	>18~35	—	—	0.01~0.02

（2）装配成套的滑动导向模架的精度等级分为Ⅰ级和Ⅱ级，装配成套的滚动导向模架的精度等级分为0Ⅰ级和0Ⅱ级。各级精度的模架必须符合表4-3中的规定。

表4-3　模架分级技术指标

项	检查项目	被测尺寸/mm	精度等级	
			0Ⅰ级、Ⅰ级	0Ⅱ级、Ⅱ级
			公差等级	
A	上模座上平面对下模座下平面的平行度	≤400	5	6
		>400	6	7
B	导柱轴心线对下模座下平面的垂直度	≤160	4	5
		>160	4	5

注：被测尺寸是指：A—上模座的最大长度尺寸或最大宽度尺寸；B—下模座上平面的导柱高度。

（3）装配后的模架，上模相对下模上下移动时，导柱和导套之间应滑动平稳，无滞带现象。装配后，导柱固定端面与下模座下平面保持1~2 mm的空隙，导套固定端端面应低于上模座上平面1~2 mm。

（4）在保证使用质量的前提下，允许采用新工艺方法（如环氧树脂粘接、低熔点合金）固定导柱和导套，零件结构尺寸允许作相应变动。

（二）模架的装配方法

1. 压入式模架的装配

按照导柱、导套的安装顺序，压入式模架有以下两种装配方法：

（1）先压入导柱的装配方法。其装配过程如下：

① 选配导柱和导套。按照模架精度等级规定选配导柱和导套，使其配合间隙符合技术要求。

② 压入导柱。如图4-7所示，压入导柱时，在压力机平台上将导柱置于模座孔内，用百分表在两个垂直方向检

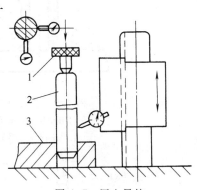

图4-7　压入导柱
1—压块；2—导柱；3—下模座

验和校正导柱的垂直度,边检验校正边压入,将导柱慢慢压入模座。

③ 检测导柱与模座基准平面的垂直度。应用专用工具或 90°角尺检测垂直度,不合格时退出重新压入。

④ 装导套。将上模座反置装上导套,转动导套,用千分表检查导套内、外圆配合面的同轴度误差,如图 4-8a 所示。然后将同轴度最大误差 Δ_{max} 调至两导套中心连线的垂直方向,使由同轴度误差引起的中心距变化最小。

⑤ 压入导套(图 4-8b)。将帽形垫块置于导套上,在压力机上将导套压入上模座一段长度,取走下模部分,用帽形垫块将导套全部压入模座。

⑥ 检验。将上模座与下模座对合,中间垫上等高垫块,检验模架平行度精度。

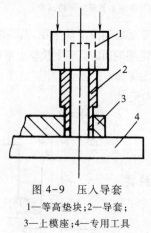

(a) 装导套　　　　　(b)压入导套

图 4-8　压入导套

1—帽形垫块;2—导套;3—上模座;4—下模座

(2) 先压入导套的装配方法。其装配过程如下:

① 选配导柱和导套。

② 如图 4-9 所示压入导套。将上模座 3 放在专用工具 4 的平板上,平板上有两个与底面垂直且与导柱直径相同的圆柱,将导套 2 分别装入两个圆柱上,垫上等高垫块 1,在压力机上将两导套压入上模座 3。

③ 如图 4-10 所示装导柱。在上、下模座之间垫入等高垫块,将导柱 4 插入导套 2 内,在压力机上将导柱压入下模座 5~6 mm,再将上模座提升到导套不脱离导柱的最高位置(即图4-10双点画线所示位置),然后轻轻放下,检验上模座与等高垫块接触的松紧度是否均匀。如松紧度不均匀,应调整导柱,直至松紧均匀。

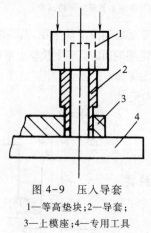

图 4-9　压入导套

1—等高垫块;2—导套;

3—上模座;4—专用工具

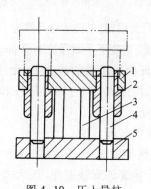

图 4-10　压入导柱

1—上模座;2—导套;

3—等高垫块;4—导柱;5—下模座

④ 压入导柱。

⑤ 检验模架平行度精度。

2. 粘接式模架的装配

粘接式模架的导柱和导套(或衬套)与模座以粘接方式固定。粘接材料有环氧树脂粘接剂、低熔点合金和厌氧胶等。

粘接式模架对上、下模座配合孔的加工精度要求较低,不需精密设备。模架的装配质量和粘接质量有关。

粘接式模架有导柱不可卸式和导柱可卸式两种。

(1)导柱不可卸式粘接模架的装配方法　粘接式模架上、下模座的上、下平面的平行度要符合技术条件,对模架各零件粘接面的尺寸精度和表面粗糙度参数的要求不高。其装配过程如下:

① 选配导柱和导套。

② 清洗。用汽油或丙酮清洗模架各零件的粘接表面并自然干燥。

③ 粘接导柱。如图4-11所示,将专用工具6放于平板上,将两个导柱非粘接面夹持在专用工具上,保持导柱的垂直度要求。然后放上等高垫块4,在导柱5上套上塑料垫圈3和下模座2,调整导柱与下模座孔的间隙,使间隙基本均匀,并使下模座与等高垫块压紧,然后在粘接缝隙内浇注粘接剂。待固化后松开工具,取出下模座。

④粘接导套。如图4-12所示,将粘好导柱的下模座平放在平板上,将导套套入导柱,再套上上模座。在上、下模座之间垫上等高垫块,垫块距离尽可能大些,调整导套与上模座孔的间隙,使间隙基本均匀。调整支承螺钉,使导套台阶面与模座平面接触。检查模架平行度精度,合格后浇注粘接剂。

⑤ 检验模架装配质量。

(2)导柱可卸式粘接模架的装配方法　这种模架的导柱以圆锥面与导套相配合,导套粘在下模座上,导柱是可拆卸的,如图4-13所示。这种模架要求导柱的圆柱部分与圆锥部分有较高的同轴度精度,导柱和导套有较高的配合精度,导套台阶面与下模座平面接触后导套锥孔有较高的垂直度精度。其装配过程如下:

① 选配导柱和导套。

② 配磨导柱与导套。先配磨导柱与导套的锥度配合面,其吻合面在80%以上。然后将导柱与导套装在一起,以导柱两端中心孔为基准磨削导套A面(图4-14),达到A面与导柱轴心线的垂直度要求。

③ 清洗与去毛刺。首先锉去零件毛刺及棱边倒角,然后用汽油或丙酮清洗粘接零件的粘接表面并作干燥处理。

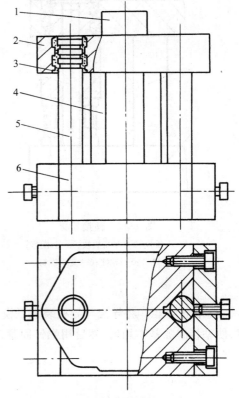

图4-11　粘接导柱
1—压块;2—下模座;3—塑料垫圈;
4—等高垫块;5—导柱;6—专用工具

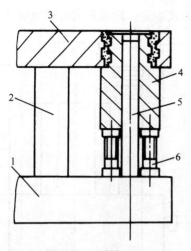

图 4-12　粘接导套

1—下模座;2—等高垫块;3—上模座;

4—导套;5—导柱;6—支承螺钉

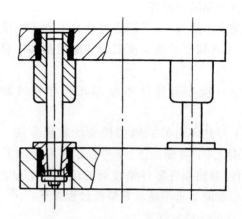

图 4-13　导柱可卸式粘接模架

④ 粘接导套。将导套与导柱装入下模座孔,如图 4-15 所示。调整导套与模座孔的粘模间隙,使粘接间隙基本均匀,然后用螺钉固紧,垫上等高垫块,浇注粘接剂。

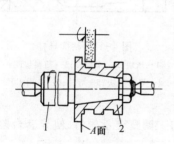

图 4-14　磨导套台阶面

1—导柱;2—导套

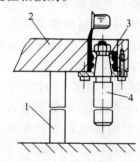

图 4-15　粘接导套

1—等高垫块;2—下模座;3—导套;4—导柱

⑤ 粘接导套。粘接导套的工艺方法和过程与前述的图 4-12 相同。

⑥检验模架装配质量。

(三) 模架的检验

导柱、导套压入模座后,要分别在两个互相垂直的方向上对其垂直度进行测量。导柱垂直度测量方法如图 4-16b 所示。测量前将圆柱角尺置于平板上,对测量工具进行校正,如图 4-16a 所示。导套孔轴线对上模座顶面的垂直度可在导套孔内插入锥度为 200∶0.015 的芯棒进行检查,如图 4-16c 所示。但计算误差时应扣除被测尺寸范围内芯棒锥度的影响。其最大误差值 Δ 可按下式计算:

$$\Delta = \sqrt{\Delta_X^2 + \Delta_Y^2}$$

式中: Δ_X、Δ_Y——在互相垂直的方向上测量的垂直度误差。

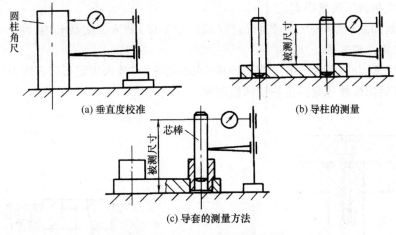

图 4-16 导柱、导套垂直度检测

导柱、导套装入后将上、下模座对合,中间垫上球形垫块,如图 4-17 所示。要在平板上检验上模座上平面对下模座底面的平行度。在被测表面内取百分表的最大与最小读数之差,即为被测模架的平行度误差。

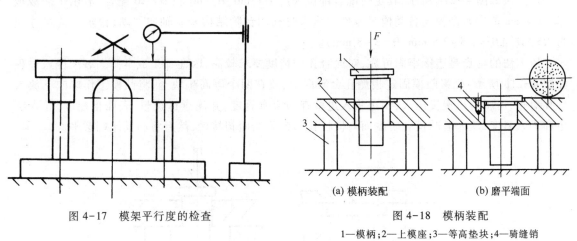

图 4-17 模架平行度的检查

图 4-18 模柄装配
1—模柄;2—上模座;3—等高垫块;4—骑缝销

（四）模柄的装配

压入式模柄与上模座的配合为 H7/m6,在装配凸模固定板和垫板之前,应先将模柄压入上模座内,如图 4-18a 所示。装配后,用 90°角尺检查模柄圆柱面和上模座的垂直度(误差小于 0.05 mm)。检查合格后,再加工骑缝销孔(或螺纹孔),装入骑缝销(或螺钉)并进行紧固。最后,将端面在平面磨床上磨平,如图 4-18b 所示。

二、凸模和凹模的装配

（一）机械固定法

1. 紧固件法

紧固件法是利用紧固零件将模具零件固定的方法,其特点是工艺简单、紧固方便。常用的方式有螺栓紧固式和斜压块紧固式。

（1）螺栓紧固式（图4-19）　先将凸模（或固定零件）放入固定板孔内,调整好位置和垂直度,然后用螺栓将凸模紧固。

（2）斜压块紧固式（图4-20）　先将凹模（或固定零件）放入固定板带有约10°锥度的孔内,调整好位置,然后用螺栓压紧斜压块使凹模固紧。

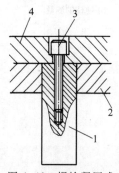

图4-19　螺栓紧固式

1—凸模；2—凸模固定板；3—螺栓；4—垫板

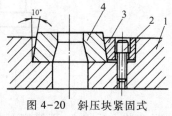

图4-20　斜压块紧固式

1—模座；2—螺栓；3—斜压块；4—凹模

2. 压入法

压入法如图4-21a所示,其定位配合部位采用H7/m6、H7/n6和H7/r6配合,适用于冲裁板厚$t \leqslant 6$ mm的冲裁凸模与各类模具零件。压入时利用台阶结构限制轴向移动,台阶结构尺寸应为$H > \Delta D$（$\Delta D \approx 1.5 \sim 2.5$ mm,$H = 3 \sim 8$ mm）。

压入法的特点是连接牢固可靠,对配合孔的精度要求较高,因此加工成本高。装配压入过程如图4-21b所示:先将凸模固定板型孔台阶向上,放在两个等高垫块上;将凸模工作端向下放入型孔对正,用压力机慢慢压入;要边压入边检查凸模垂直度,并注意过盈量、表面粗糙度,导入圆角和导入斜度;压入后凸模台阶端面与模板孔的台阶端面相接触,然后将凸模尾端磨平。

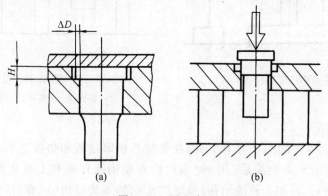

图4-21　压入法

3. 铆接法

铆接法如图4-22所示,主要适用于冲裁板厚$t \leqslant 2$ mm的冲裁凸模和其他轴向拉力不太大的零件。凸模和固定板型孔配合部分保持$0.01 \sim 0.03$ mm的过盈量,铆接端凸模硬度小于30HRC,固定板型孔铆接端周边倒角为$C0.5 \sim C1$。

（二）物理固定法

1. 热套固定法

热套固定法是应用金属材料热胀冷缩的物理特性对模具零件进行固定的方法,常用于固定凸模、凹模拼块及硬质合金模块。

图 4-23 所示为热套固定凹模,凹模和固定板配合孔的过盈量为 0.001~0.002 mm。固定时将其配合面擦净,放入箱式电炉内加热后取出,将凹模放入固定板配合孔中,冷却后固定板收缩即将凹模固定。固定后再在平面磨床上磨平并进行型孔精加工。其加热温度:凹模块为 200~250 ℃,固定板为 400~450 ℃。

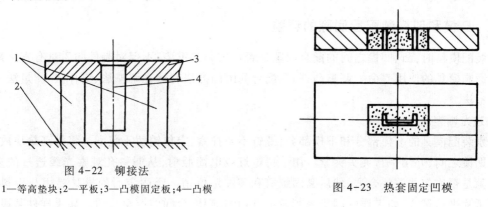

图 4-22　铆接法

1—等高垫块;2—平板;3—凸模固定板;4—凸模

图 4-23　热套固定凹模

2. 低熔点合金固定法

凸模、凹模低熔点合金固定法和导柱、导套低熔点合金固定法的固定方法一样,如图 4-24 所示。

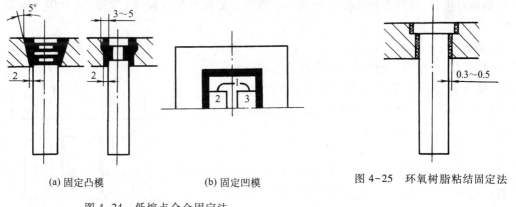

(a) 固定凸模　　　　　　　　(b) 固定凹模

图 4-25　环氧树脂粘结固定法

图 4-24　低熔点合金固定法

浇注低熔点合金之前,固定零件应进行清洗、去除油污,并将固定零件的位置找正,利用辅助工具和配合零件等进行定位。将浇注部位预热至 100~150 ℃后再浇注,浇注过程中及浇注后都不能触动固定零件,以防错位。浇注后一般放置 24 h 进行充分冷却。

（三）化学固定法

化学固定法是利用有机或无机粘结剂,对模具固定零件进行粘结固定的方法。常用的是环氧树脂粘结剂固定法。

环氧树脂粘结固定法是将环氧树脂粘结剂浇入固定零件的间隙内,经固化后固定模具零件的方法。环氧树脂粘结固定法固定凸模和固定导柱、导套的固定方法一样,如图 4-25 所示。

浇注前,先将环氧树脂在烧杯中加热到 70~80 ℃,再将经过烘箱(200 ℃)烘干的铁粉加入到加热后的环氧树脂中调制均匀。然后加入邻苯二甲酸二丁酯,继续搅拌均匀。当温度降到 40 ℃ 左右时,将无水乙二胺加入继续搅拌,待无气泡后,即可浇注。

被粘结零件必须借助辅助工具和其他零件相配合,方可使固定零件的位置、配合间隙达到精度要求。

三、凸模和凹模装配后间隙的调整

在装配模具时,凸、凹模之间的配合间隙是否均匀非常重要,不仅对制件的质量有直接影响,同时还影响模具的使用寿命。调整凸、凹模配合间隙的方法有透光调整法、垫片法、测量法、涂层法和镀铜法。

1. 透光调整法

分别装配模具的上模部分和下模部分,螺钉不要拧紧,定位销暂不装配。将等高垫块放在固定板及凹模之间,并用平行夹头夹紧。用手持电灯或电筒照射,从漏料孔观察光线透过的多少,确定间隙是否均匀并调整合适,然后紧固螺钉和装配定位销。经固定后的模具要用与板料厚度相同的纸片进行试冲,如果样件四周毛刺较小且均匀,则配合间隙调整合适。如果样件某段毛刺较大,则说明间隙不均匀,应重新调整至合适为止。

2. 测量法

将凸模插入凹模型孔内,用塞尺检查凸、凹模四周配合间隙是否均匀。根据检查结果,调整凸、凹模相对位置,使两者各部分间隙均匀。测量法适用于配合间隙(单边)在 0.02 mm 以上的模具。

3. 垫片法

根据凸、凹模配合间隙的大小,在凸、凹模配合间隙内垫入厚度均匀的纸片或金属片,然后调整凸、凹模的相对位置,以保证配合间隙的均匀,如图 4-26 所示。

4. 涂层法

在凸模上涂一层磁漆或氨基醇酸绝缘漆等涂料,其厚度等于凸、凹模的单边配合间隙,然后再将凸模调整至相对位置,插入凹模型孔,以获得均匀的配合间隙。此方法适用于小间隙冲模的调整。

5. 镀铜法

镀铜法是在凸模工作端镀一层厚度等于单边配合间隙的铜,使凸、凹模装配后的配合间隙均匀。镀层在模具装配后不必去除,在使用过程中其会自行脱落。

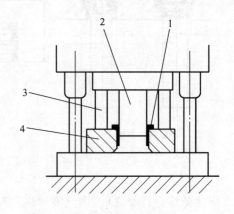

图 4-26　用垫片法调整
凸、凹模的配合间隙
1—垫片;2—凸模;3—等高垫块;4—凹模

四、冲裁模具的总装

（一）简单冲裁模的装配

1. 装配前的分析

图 4-27 为导柱式落料模。其下模座部分被压紧在压力机的工作台上，是模具的固定部分。上模座部分通过模柄和压力机的滑块连为一体，是模具的活动部分。装配模具时，为了方便地将上、下模两部分的工作零件调整到正确位置，使凸、凹模具有均匀的冲裁间隙，应正确安排上、下模零件的装配顺序。

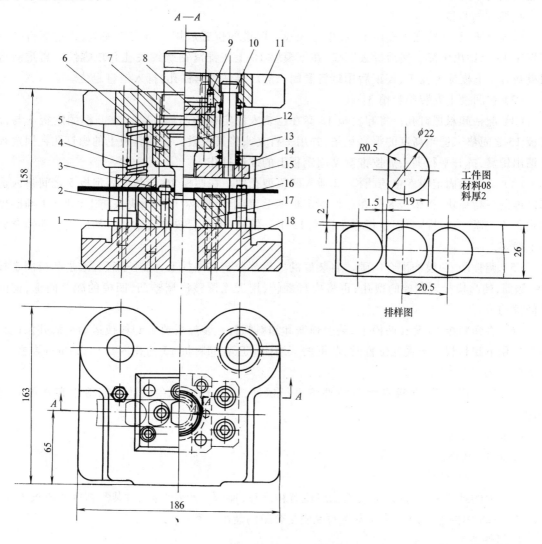

图 4-27　导柱式落料模

1—螺母；2—螺钉；3—挡料销；4—弹簧；5—凸模固定板；6—销钉；

7—模柄；8—垫板；9—止动销；10—卸料螺钉；11—上模座；12—凸模；13—导套；

14—导柱；15—卸料板；16—凹模；17—内六角螺钉；18—下模座

2. 组件装配

（1）将模柄 7 装入上模座 11 内,磨平下端面。

（2）将凸模 12 装入凸模固定板 5 内,磨平凸模固定端面。

3. 确定装配基准

（1）对于无导柱的模具,其凸、凹模间隙是模具安装到压力机上再进行调整的,上下模零件的装配先后顺序对装配过程影响不大,但应注意压力中心的重合。

（2）对于有导柱的模具,应根据是否便于装配和易于保证装配精度的要求,来确定是以凸模还是以凹模作为基准。图 4-27 中,可选择凹模作为基准,先装下模部分。

4. 装配的步骤

（1）把凹模 16 放在下模座上,按中心线找正凹模的位置后用平行夹头夹紧,通过螺钉孔在下模座 18 上钻出锥窝。然后拆去凹模,在下模座 18 上按锥窝钻螺纹底孔并攻螺纹。再重新将凹模板置于下模座上校正,校正后用螺钉紧固。然后再钻铰销钉孔,打入销钉定位。

（2）在凹模上安装挡料销 3。

（3）配钻卸料螺钉孔。将卸料板 15 套在已装入固定板的凸模 12 上,在凸模固定板 5 与卸料板 15 之间垫入适当高度的等高垫块,并用平行夹头将其夹紧。按卸料板上的螺钉孔在固定板上钻出锥窝,拆开平行夹头后按锥窝钻固定板上的螺钉过孔。

（4）将凸模固定板 5 中的凸模 12 插入凹模型孔中。在凹模 16 与凸模固定板 5 之间垫入适当高度的等高垫块,将垫板 8 放在凸模固定板 5 上,装上上模座,用平行夹头将上模座 11 和凸模固定板 5 夹紧。通过凸模固定板在上模座 11 上钻锥窝,拆开后按锥窝钻孔。然后用止动销 9 紧固上模座。

（5）调整凸、凹模的配合间隙。将装好的上模部分套在导柱上,用锤子轻轻敲击凸模固定板 5 的侧面,使凸模插入凹模的型孔;再将模具翻转,用透光调整法调整凸、凹模的配合间隙,使配合间隙均匀。

（6）将卸料板 15 套在凸模上,装上弹簧和卸料螺钉。装配后要求卸料板运动灵活并保证在弹簧作用下卸料板处于最低位置时,凸模的下端面应压在卸料板 15 的孔内 0.3~0.5 mm 左右。

5. 试模

冲模装配完成后,在现有生产条件下进行试冲,以检查模具在设计和制造中存在的一些问题。

6. 检验（从略）

7. 试冲（从略）

（二）复合模的装配

复合模的结构紧凑,内外形表面相对位置精度高,冲压生产效率高,对装配精度的要求也高。现以图 4-28 中的落料冲孔复合模为例说明复合模的装配过程。

1. 组件装配

（1）将模柄 2 装配于上模座 3 内并磨平端面。

（2）将凸模 6 装入凸模固定板 7 内,作为凸模组件。

（3）将凸凹模 18 装入凸凹模固定板 17 内,作为凸凹模组件。

2. 确定装配基准件

落料冲孔复合模应以凸凹模为装配基准件,装配时首先确定凸凹模在模架中的位置。

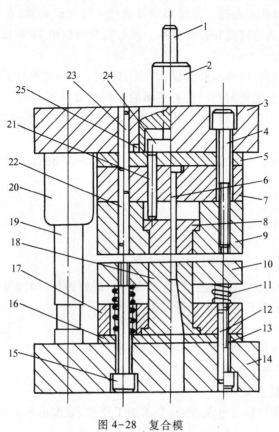

图 4-28　复合模

1—顶杆;2—模柄;3—上模座;4、13—螺钉;5、16—垫板;6—凸模;7—凸模固定板;
8—顶出板;9—凹模;10—弹压卸料板;11—弹簧;12、22、23—定位销;14—下模座;
15—卸料螺钉;17—凸凹模固定板;18—凸凹模;19—导柱;20—导套;
21—顶出杆;24—顶板;25—圆柱销

（1）安装凸凹模组件,加工下模座漏料孔。确定凸凹模组件在下模座上的位置,然后用平行夹板将凸凹模组件、垫板和下模座夹紧,在下模座上划出漏料孔线。

（2）加工下模座和垫板漏料孔,下模座漏料孔尺寸应比凸凹模漏料孔尺寸单边大0.5~1 mm。

（3）安装固定凸凹模组件,将凸凹模组件在下模座重新找正定位,用平行夹板夹紧。钻、铰销孔和螺孔,装入定位销 12 和螺钉 13。

3. 安装上模部分

（1）检查上模各个零件尺寸是否能满足装配技术条件要求,如顶出板 8 的顶出端面应凸出落料凹模端面等。检查各零件尺寸是否合适,动作是否灵活等。

（2）安装上模、调整冲裁间隙。将上模部分各零件分别装于上模座 3 和模柄 2 的孔内。用平行夹板将凹模 9、凸模组件、垫板 5 和上模座 3 轻轻夹紧,然后调整凸模组件和凸凹模 18 与冲孔凹模的冲裁间隙,调整凹模 9 和凸凹模 18 的落料凸模的冲裁间隙。调整间隙时可以采用垫片法调整,并对纸片进行手动试冲,直至内外形冲裁间隙均匀,再用平行夹板将上模各板夹紧。

（3）钻铰上模部分销孔和螺孔。上模部分可通过平行夹板夹紧,在钻床上以凹模9上的销孔和螺钉作为引钻孔,钻铰销钉孔和螺纹穿孔。然后安装定位销23和螺钉4,拆掉平行夹板。

4. 安装弹压卸料部分

（1）安装弹压卸料板时,将弹压卸料板套在凸凹模上,弹压卸料板和凸凹模组件端面垫上平行垫板,保证弹压卸料板上端面与凸凹模上平面的装配位置尺寸。用平行夹板将弹压卸料板和下模座夹紧,然后在钻床上钻削卸料螺钉孔,拆掉平行夹板。最后将下模部分各板及卸料螺钉孔加工到规定尺寸。

（2）安装卸料弹簧和定位销,在凸凹模组件上和弹压卸料板上分别安装卸料弹簧11和定位销12,拧紧卸料螺钉15。

5. 自检

按冲模技术条件进行总装配检查。

6. 检验（从略）

7.试冲（从略）

说明:图4-28中上模部分的最佳设计方案为两组圆柱销和螺钉,分别对凸模组件和凹模进行定位、固紧,使装配容易和装配精度得到保证。

（三）级进模的装配

级进模对步距精度和定位精度要求比较高,装配难度大,对零件的加工精度要求也比较高。现以图4-29为例说明级进冲裁模的装配过程。

1. 级进冲裁模装配精度要点

（1）凹模上各型孔的位置尺寸及步距,要求加工正确、装配准确,否则冲压制件很难达到规定要求。

（2）凹模型孔板、凸模固定板和卸料板的型孔位置尺寸必须一致,即装配后各组型孔的中心线必须一致。

（3）各组凸、凹模的冲裁间隙应均匀一致。

2.装配基准件

级进冲压模应该以凹模为装配基准件。级进模的凹模分为两大类:整体凹模和拼块凹模。整体凹模各型孔的孔径尺寸和型孔位置尺寸在零件加工阶段都已经保证;拼块凹模的每一个凹模拼块虽然在零件加工阶段都已经很精确了,但是装配成凹模组件后,各型孔的孔径尺寸和型孔位置尺寸不一定符合规定要求。因此必须在凹模组件上对孔径和孔距尺寸重新检查、修配和调整,并且与各凸模进行实配和修整,保证每个型孔的凸模和凹模都有正确尺寸和冲裁间隙。经过检查、修配和调整合格的凹模组件才能作为装配基准件。

3.组件装配

（1）凹模组件 现以图4-30中的凹模组件说明凹模组件的装配过程。

该凹模组件由9个凹模拼块和1个凹模模套拼合而成,形成6个冲裁工位和2个侧刃孔,各个凹模拼块都以各型孔中心分段,即拼块宽度尺寸等于步距尺寸。

① 初步检查修配凹模拼块。组装前检查修配各个凹模拼块的宽度尺寸（即步距尺寸）和型孔孔径及位置尺寸,并要求凹模、凸模固定板和卸料板的相应尺寸要一致。

② 按图示要求拼接各凹模拼块并检查相应凸模和凹模型孔的冲裁间隙,不妥之处应进行修配。

③ 组装凹模组件。将各凹模拼块压入模套(凹模固定板)并检查实际装配过盈量,不当之处应进行修整,将凹模组件上下面磨平。

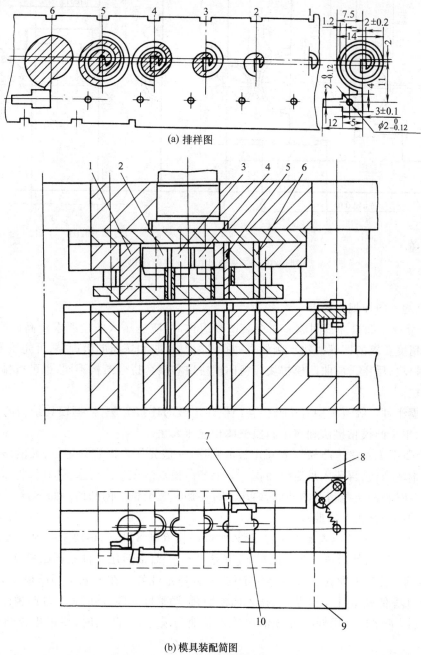

(a) 排样图

(b) 模具装配简图

图 4-29 游丝支片级进冲裁模

1—落料凸模;2~6—凸模;7—侧刃;8、9—导料板;10—冲孔凸模

④ 检查修配凹模组件。对凹模组件各型孔的孔径和孔距尺寸再次检查,发现不当之处应进

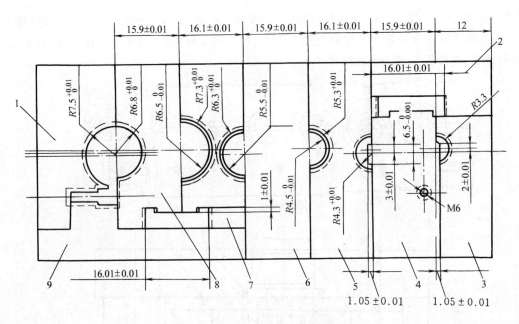

图 4-30 凹模组件(1~9凹模拼块)

行修配,直至达到图样规定要求。

⑤ 复查修配凸凹模冲裁间隙。在组装凹模组件时,应先压入精度要求较高的凹模拼块,后压入易保证精度要求的凹模拼块。例如有冲孔、冲槽、弯曲和切断的级进模,可先压入冲孔、冲槽和切断凹模拼块,后压入弯曲凹模拼块。视凹模拼块和模套拼合结构不同,也可按排列顺序依次压入凹模拼块。

(2) 凸模组件 级进模中各个凸模与凸模固定板的连接方法,依据模具结构的不同有单个凸模压入法、单个凸模粘接法和多个凸模整体相连压入法。

① 单个凸模压入法 凸模压入固定板的顺序:一般先压入既容易定位,又能作为其他凸模压入安装基准的凸模,再压入难定位凸模。如果各凸模对装配精度要求不同时,先压入装配精度要求较高和较难控制装配精度的凸模,再压入容易保证装配精度的凸模。如不属上述两种情况,对凸模压入的顺序则无严格要求。

图 4-31 中多凸模的压入顺序是:先压入半圆凸模 6 和 8(连同垫块 7 一起压入),再依次压入半环凸模 3、4 和 5,然后压入侧刃凸模 10 和落料凸模 2,最后压入冲孔圆凸模 9。首先压入半圆凸模(连同垫块)是因为其压入后容易定位,而且稳定性好。在压入半环凸模 3 时,以已压入的半圆凸模为基准,并垫上等高垫块,插入凹模型孔,调整好间隙,同时将半环凸模以凹模型孔定位进行压入(图 4-32)。用同样办法依次压入其他凸模,压入凸模时,要边检查凸模垂直度边压入。

凸模压入后应复查凸模与固定板的垂直度,检查凸模与卸料板型孔配合状态以及固定板和卸料板的平行度精度。最后磨削凸模组件的上下端面。

② 单个凸模粘接法 单个凸模粘接固定法的优点是:固定板型孔的孔径和孔距精度要求低,减轻了凸模装配后的调整工作量。

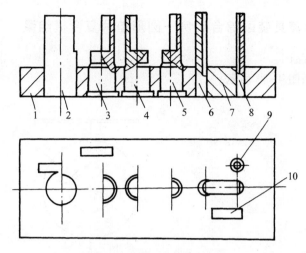

图 4-31　单个凸模压入法

1—固定板；2—落料凸模；3、4、5—半环凸模；6、8—半圆凸模；7—垫块；9—冲孔圆凸模；10—侧刃凸模

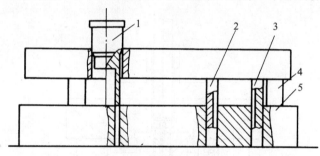

图 4-32　压入半环凸模

1—半环凸模；2、3—半圆凸模；4—等高垫块；5—凹模

粘接前,将各个凸模套入相应凹模型孔并调整好冲裁间隙,然后套入固定板,检查粘接间隙是否合适,最后进行浇注固定。其他要求与前述方法相同。

③ 多个凸模整体压入法　多个凸模整体压入法的凸模拼接位置和尺寸,原则上和凹模拼块相同。在凹模组件已装配完毕并检查修配合格后,以凹模组件的型孔为定位基准,多个凸模整体压入后,检查位置尺寸,有不当之处应进行修配直至全部合格。

4.总装配的步骤及要点

① 装配基准件。首先以凹模组件为基准安装固定凹模组件。

② 安装固定凸模组件。以凹模组件为基准安装固定凸模组件。

③ 安装固定导料板。以凹模组件为基准安装固定导料板。

④ 安装固定承料板和侧压装置。

⑤ 安装固定上模弹压卸料装置。

⑥ 自检,钳工试冲。

⑦ 检验(从略)。

⑧ 试冲(从略)。

五、冷冲压成形模具装配综合实例—圆形垫片复合模组装

（一）冲压产品制品图

冲压产品制品图如图 4-33 所示。

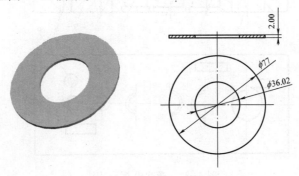

图 4-33　冲压产品图

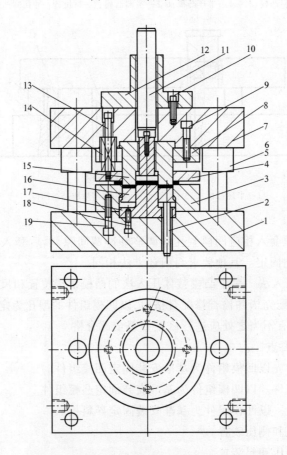

图 4-34　圆形垫片模具装配图

1—下模座；2—顶杆；3—落料凹模；4—卸料板；5,6—导柱；7—上模座；8—凸凹模
固定板；9,10,18,19—螺钉；11—打料组件（打杆、退料芯）；12—模柄；13—卸料
螺钉；14—弹簧；15—凸凹模；16—顶件块；17—冲孔凸模

（二）圆形垫片模具图

圆形垫片模具图如图 4-34 所示。

（三）圆形垫片复合模具装配工艺

圆形垫片复合模具装配工艺见表 4-4。

表 4-4　圆形垫片复合模具装配工艺过程

工序号	工序名称	工 序 内 容
1	装配上模	① 把凸凹模 15 放入上模座 7 的沉台中（H6/h5 配合），确保与沉台底面充分接触。并检查凸凹模挂台是否高于模座下平面（若高出，则把凸凹模卸掉，磨去挂台背面高出的部分）。 ② 装上凸凹模固定板 8（和凸凹模间隙配合），并用螺钉 9 固定。 ③ 把弹簧 14 装入弹簧孔内。 ④ 装上卸料板 4，用卸料螺钉 13 紧固，并确保卸料板比凸凹模刃口面高出 0.5～1 mm。 ⑤ 装上退料芯组件，并检查是否灵活
2	装配下模	① 把导柱 5 装入下模座 1（模座孔与导柱保证 0～0.005 mm 的间隙），装完后检测导柱的垂直度，要小于 0.005 mm。 ② 把冲孔凸模 17 放入下模座 1 的沉台，底面充分接触，并用螺钉 18 紧固。 ③ 装上卸料板 4。 ④ 装上落料凹模 3（与凸模配合部分采用 H6/h5 配合），并用螺钉 19 紧固。 ⑤ 装上顶杆 2，检查顶杆和退料块是否灵活
3	合模	① 把导套装入上模座（模座孔与导套保证 0.01～0.03 mm 的间隙）。 ② 在下模座上放上四个等高垫块。 ③ 合模，通过试纸来观察间隙是否均匀。 ④ 用 638 胶水把导套粘固在上模座上。 ⑤ 装上模柄和打杆
4	调整间隙	由于该模具的间隙是靠加工精度来保证的，一般间隙不用调整
5	安装其他辅助零件	安装导料销等辅助零件
6	装配后检查	冲模装配后，应对其各个部分做全面检查。如：模具闭合高度、卸料板上的导料销等是否合适；模具零件有无装错、漏装以及螺钉是否拧紧；打杆长度是否合适等；进行试模、调整

第三节　塑料模的装配

塑料模主要包括注射模、压缩模、压注模及挤出模等。它们的装配与冲模的装配有很多相似之处,但塑料模在成形制件时是在高温、高压和粘流状态下进行成形的,所以相对说各配合零件之间的要求更为严格,模具的装配工作就更为重要。

一、塑料模的装配基准

(一)塑料模的装配基准的确定

1. 以塑料模中的主要零件为装配基准

在这种情况下,先不加工定模和动模的导柱及导套孔,而是先加工好型腔和型芯镶件,然后将它们装入定模和动模内,在型腔和型芯之间以垫片法或工艺定位法来保证壁厚。定模和动模合模后用平行夹板夹紧,再镗制导柱和导套孔,最后安装定模和动模上的其他零件。这种情况适用于大中型模具。

2. 以模板相邻两侧面为基准装配

将已有导向机构的定模和动模合模后,磨削模板相邻两侧面呈 90°,然后以侧面为装配基准分别安装定模和动模上的其他零件。

(二)塑料模具的装配要求

根据模具装配图样和技术要求,将模具的零部件按照一定的工艺顺序进行配合、定位、连接与紧固,使之成为符合要求的模具,称为模具装配,其装配过程称为模具装配工艺过程。

模具装配图及验收技术条件是模具装配的依据,构成模具的所有零件,包括标准件、通用件及成形零件等符合技术要求是模具装配的基础。但是,并不是有了合格的零件,就一定能装配出符合设计要求的模具,合理的装配工艺及装配经验也很重要。

模具装配过程是模具制造工艺全过程中的关键工艺过程,包括装配、调整、检验和试模。

在装配时,零件或相邻装配单元的配合和连接,均须按装配工艺确定的装配基准进行定位与固定,以保证它们之间的配合精度和位置精度,从而保证模具凸模与凹模间精密均匀的配合模具开合运动及其他辅助机构(如卸料、抽芯、送料等)运动的精确性,进而保证制件的精度和质量,保证模具的使用性能和寿命。

二、塑料模具组件装配

(一)型芯的装配

1. 小型芯的装配

图 4-35 所示为小型芯的装配方式。图 4-35a 的装配方式为:将型芯压入固定板。在压入过程中,要注意校正型芯的垂直度以防止型芯切坏孔壁及使固定板变形。小型芯被压入后应在平面磨床上用等高垫块支撑磨平底面。

图 4-35b 的装配方式常用于螺纹连接型芯的压缩模中。装配时应将型芯拧紧后,用骑缝螺钉定位。这种装配方式在螺纹拧紧后会给某些有方向性要求的型芯实际位置与理想位置之间造成误差,如图 4-36 所示。图 4-36 中,α 是理想位置与实际位置之间的夹角,型芯的位置误差可

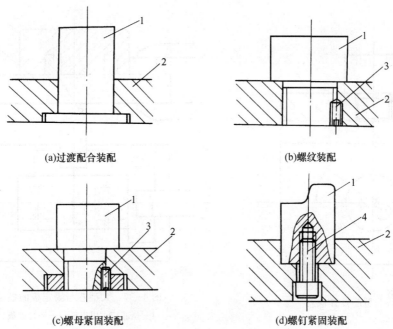

(a)过渡配合装配　　　　　　　　　(b)螺纹装配

(c)螺母紧固装配　　　　　　　　　(d)螺钉紧固装配

图 4-35　小型芯的装配方式

1—型芯;2—固定板;3—骑缝螺钉;4—螺钉

通过修磨固定板 a 面或型芯 b 面来消除。修磨前要进行预装并测出 α 角度大小。a 面或 b 面的修磨量 Δ 按下式计算:

$$\Delta = \frac{P}{360°}\alpha$$

式中:α——误差角度;

　　　P——连接螺纹螺距,mm。

图 4-35c 为螺母装配方式,型芯连接段采用 H7/k6 或 H7/m6 与固定板孔配合定位,两者的连接采用螺母紧固,简化了装配过程,适合安装有方向要求的型芯。当型芯位置固定后,用定位螺钉定位。这种装配方式适合外形为任何形状的型芯的固定及多个型芯的同时固定。

图 4-35d 的装配方式中,型芯和固定板采用 H7/h6 或 H7/m6 配合,将型芯压入固定板,经校正合格后用螺钉紧固。在压入前,应将型芯压入端的棱边修磨成小圆弧,以免切坏固定板孔壁而失去定位精度。

2.大型芯的装配

大型芯与固定板装配时,为了便于调整型芯和型腔的相对位置,减少机械加工工作量,对面积较大而高度较低的型芯一般采用图 4-37 所示的装配方式。其装配顺序如下:

(1)在加工好的型芯 1 上压入实心的定位销套 5。

(2)在型芯螺孔口部抹红丹粉,根据型芯在固定板 2 上的要求位置,用定位块 4 定位后,把型芯与固定板合拢。用平行夹板 3 夹紧在固定板上,将螺钉孔位置复印到固定板上,取下型芯,在固定板上钻出螺钉过孔及锪沉孔,并用螺钉将型芯初步固定。

（3）在固定板的背面划出销孔位置并与型芯一起钻、铰销钉孔，压入销钉。

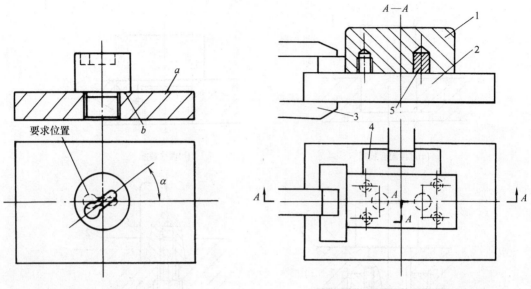

图 4-36　型芯位置误差

图 4-37　大型芯与固定板的装配
1—型芯；2—固定板；3—平行夹板；
4—定位块；5—定位销套

（二）型腔的装配及修整

1. 型腔的装配

塑料模的型腔一般多采用镶嵌式或拼块式。在装配后要求动、定模板的分型面接合紧密、无缝隙，而且同模板平面一致。装配型腔时一般采取以下措施：

（1）型腔压入端一般不设压入斜度。而将压入斜度设在模板孔上。

（2）对有方向性要求的型腔，为了保证其位置要求，一般先压入一小部分，借助型腔的平面部分用百分表校正位置，经校正合格后，再压入模板。为了装配方便，型腔与模板之间（B 处）应保持 0.01~0.02 mm 的配合间隙。型腔装配后，找正位置并用定位销固定，如图 4-38 所示。最后在平面磨床上将两端面和模板一起磨平。

（3）拼块式型腔的装配。一般拼块的拼合面在热处理后要进行磨削加工，以保证拼合后紧密无缝隙。拼块两端应留余量，装配后同模板一起在平面磨床上磨平，如图 4-39 所示。

（4）对工作表面不能在热处理前加工到尺寸的型腔，如果热处理后硬度不高（如调质处理），可在装配后用切削方法加工到要求的尺寸；如果热处理后硬度较高，只有在装配后采用电火花线切割、坐标磨削等方法对型腔进行精修，使之达到精度要求。但无论采用哪种方法，型腔两端面都要留余量，装配后同模具一起在平面磨床上磨平。

（5）拼块式型腔在装配压入过程中，为防止拼块在压入方向上相互错位，可在施压端垫一块平垫板，通过平垫板将各拼块一起压入模板中，如图 4-40 所示。

2. 型腔的修整

塑料模装配后，部分型芯和型腔的表面或动、定模的型芯之间，在合模状态下要求紧密接触。为了达到这一要求，一般采用装配后修磨型芯端面或型腔端面的修配法进行修磨。

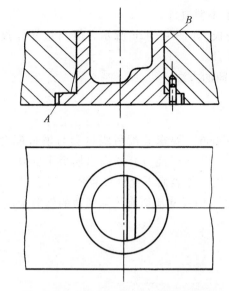

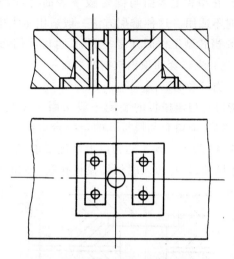

图 4-38 有方向性要求的型腔的装配

图 4-39 拼块式型腔的装配

（1）图 4-41 中的型芯端面和型腔端面出现了间隙 Δ，可以用以下几种方法进行修整，消除间隙 Δ：

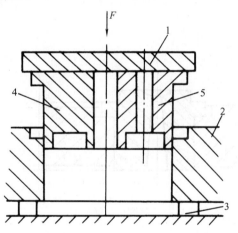

图 4-40 拼块式型腔的装配

1—平垫板；2—模板；3—等高垫块；4、5—型腔拼块

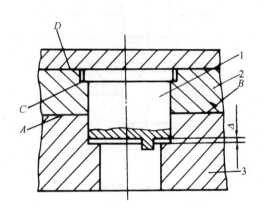

图 4-41 型芯与型腔端面间隙的消除

1—型芯；2—固定板；3—型腔

① 修磨固定板平面 A。拆去型芯，将固定板磨去等于间隙 Δ 的厚度。

② 将型腔上平面 B 磨去等于间隙 Δ 的厚度。此法不用拆去型芯，较方便。

③ 修磨型芯台肩面 C。拆去型芯，将 C 面磨去等于间隙 Δ 的厚度。但重新装配后需将固定板 D 面与型芯一起磨平。

（2）在图 4-42 中，装配后型腔端面与型芯固定板之间出现了间隙 Δ。为了消除间隙 Δ，可采用以下修配方法：

① 在型芯定位台肩和固定板孔台肩之间垫入厚度等于间隙为 Δ 的垫片，如图 4-42b 所示。

然后,再一起磨平固定板和型芯端面。此法只适用于小型模具。

② 在型腔上表面与固定板下表面之间增加垫板,如图 4-42c 所示。但当垫板厚度小于 2 mm 时不适用。这种修配方法一般适用于大中型模具。

③ 当芯型工作面 A 是平面时,也可采用修磨 A 面的方法。

(三) 浇口套和顶出机构的装配

1. 浇口套的装配

浇口套与定模板的装配一般采用过渡配合(H7/m6),要求装配后浇口套与模板配合孔紧密、无缝隙,浇口套和模板孔的定位台肩应紧密贴实。装配后浇口套要高出模板平面 0.02 mm,如图 4-43 所示。为了达到以上装配要求,浇口套的压入外表面不允许设置压入斜度,压入端要磨出小圆角,以免压入时切坏模板孔壁。同时压入的轴向尺寸应留有去除圆角的修磨余量 H。

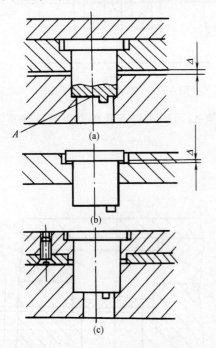

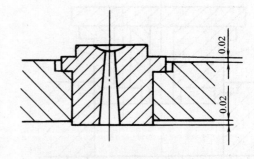

图 4-42 型腔板与固定板间隙的消除   图 4-43 装配后的浇口套

在装配时,将浇口套压入模板孔,使预留余量 H 凸出模板之外。在平面磨床上磨平预留余量,如图 4-44 所示,使磨平的浇口套稍稍退出,再将模板磨去 0.02 mm,重新压入浇口套,如图 4-45 所示。台肩相对于定模板的高出量为 0.02 mm,可由零件的加工精度保证。

2. 顶出机构的装配

塑料模制件的顶出机构,一般是由顶板、顶杆固定板、顶杆、导柱和复位杆等组成的,如图 4-46 所示。其装配技术要求为:装配后顶出机构应运动灵活,无卡阻现象;顶杆在顶杆固定板孔内每边都应有 0.5 mm 的间隙;顶杆工作端面应高出型面 0.05~0.10 mm;完成顶出制品后,顶杆应能在合模后自动退回原始位置。

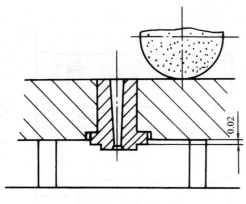

图 4-44　修磨浇口套

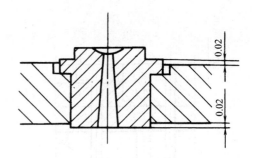

图 4-45　修磨后的浇口套

顶出机构的装配顺序为:

(1) 先将导柱 5 垂直压入支承板 9 并将其端面与支承板一起磨平。

(2) 将装有导套 4 的顶杆固定板 7 套装在导柱上,并将顶杆 8、复位杆 2 穿入顶杆固定板 7、支承板 9 和型腔镶块 11 的配合孔中,盖上顶板 6,用螺钉拧紧。调整后使顶杆、复位杆能灵活运动。

(3) 修磨顶杆和复位杆的长度。如果顶板和垫圈 3 接触时复位杆、顶杆低于型面,则修磨导柱的台肩和支承板的上平面;如果顶杆、复位杆高于型面,则修磨顶板 6 的底面。

(4) 顶杆和复位杆在加工时稍留长一些,装配后将多余部分磨去。

(5) 修磨后的复位杆应低于型面 0.02~0.05 mm,顶杆应高于型面 0.05~0.10 mm,顶杆、复位杆顶端可以倒角。

(四) 滑块抽芯机构的装配

滑块抽芯机构是在模具开模后、在制品被顶出之前、先行抽出侧向型芯的机构。装配时的主要工作是侧向型芯的装配和锁紧位置的装配。

1. 侧向型芯的装配

一般是在滑块和滑道、型腔和固定板装配后,再装配滑块上的侧向型芯。图 4-47 中抽芯机构侧向型芯的装配一般采用以下几种方式:

(1) 根据型腔侧向孔的中心位置测量出尺寸 a 和尺寸 b,在滑块上划线,加工出型芯装配孔并保证型芯和型腔侧向孔的位置精度,最后装配型芯。

(2) 以型腔侧向孔为基准,利用压印工具对滑块端面压印,如图 4-48 所示。然后,以压印为基准加工型芯配合孔,保证型芯和侧向孔的配合精度,再装入型芯。

(3) 为达到非圆形侧向型芯和侧向孔的配合精度,型芯可采用在滑块上先装配留有加工余量的型芯,然后,对型腔侧向孔进行压印并修磨型芯,以保证配合精度。在型腔侧向孔的硬度不高、可以修磨加工的情况下,也可在型腔侧向孔留修磨余量,以型芯对型腔侧向孔压印,修磨型腔侧向孔,以达到配合要求。

2. 锁紧位置的装配

在滑块型芯和型腔侧向孔修配密合后,便可确定锁紧块的位置。锁紧块的斜面和滑块的斜面必须均匀接触。由于锁紧块及滑块在加工和装配中存在误差,所以装配时需进行修磨。为了修磨的方便，一般对滑块的斜面进行修磨。

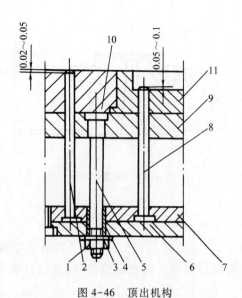

图 4-46　顶出机构

1—螺母；2—复位杆；3—垫圈；4—导套；

5—导柱；6—顶板；7—顶杆固定板；8—顶杆；

9—支承板；10—动模板；11—型腔镶块

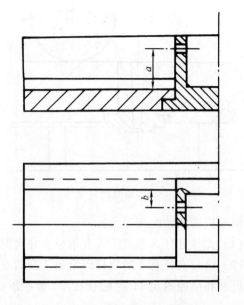

图 4-47　侧向型芯的装配

模具闭合后，为保证锁紧块和滑块之间有一定的锁紧力，一般要求锁紧块和滑块斜面接触时，在分模面之间留有 0.2 mm 的间隙进行修配，如图 4-49 所示。

3.滑块的复位、定位

模具开模后，滑块在斜导柱作用下侧向抽出。为了保证合模时斜导柱能正确地进入滑块的斜导柱孔，必须对滑块设置复位、定位装置。图 4-50 为用定位板作滑块复位时的定位。滑块复位的准确位置，可以通过修磨定位板的接触平面进行调整。

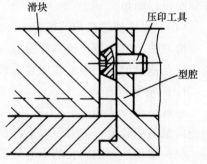

图 4-48　滑块端面压印

滑块复位用滚珠、弹簧定位时（图 4-51），一般在装配时需在滑块上配钻滚珠定位锥窝，以达到准确定位目的。

（五）导柱、导套的装配

导柱、导套是模具合模和开模的导向装置，分别安装在塑料模的动、定模部分。装配后，要求导柱、导套垂直于模板平面并达到设计要求的配合精度，具有良好的导向定位作用。一般采用压入式将导柱、导套装配到模板的导柱、导套孔内。

较短的导柱可采用图 4-52 中的方式将其压入模板。较长的导柱则应在模板装配导套后以导套导向压入模板孔内，如图 4-53 所示。导套压入模板时可采用图 4-54 中的压入方式。

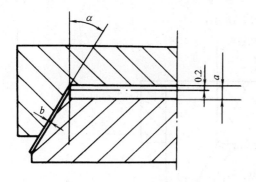

图 4-49　滑块斜面修磨量

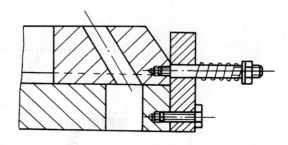

图 4-50　用定位板作滑块复位时的定位

　　导柱、导套装配后,应保证动模板在开模及合模时滑动灵活,无卡阻现象。如果运动不灵活,有阻滞现象,可用红丹粉涂于导柱表面并往复拉动,观察阻滞部位,分析原因后重新装配。装配时,应先装配距离最远的两根导柱,合格后再装配其余两根导柱。每装入一根导柱都要进行上述观察,合格后再装下一根导柱,这样便于分析、判断不合格的原因,以便及时修正。

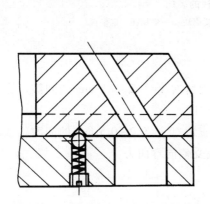

图 4-51　用滚珠、弹簧作滑块复位时的定位

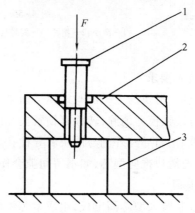

图 4-52　短导柱的装配
1—导柱;2—模板;3—等高垫块

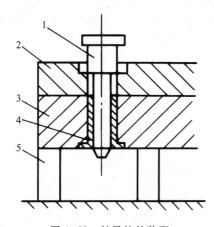

图 4-53　长导柱的装配
1—导柱;2—固定板;3—定模板;4—导套;5—等高垫块

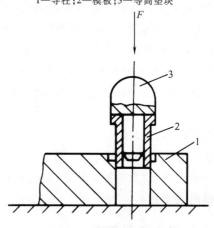

图 4-54　导套的装配
1—模板;2—导套;3—压块

滑块型芯抽芯机构中的斜导柱的装配,如图4-55所示。

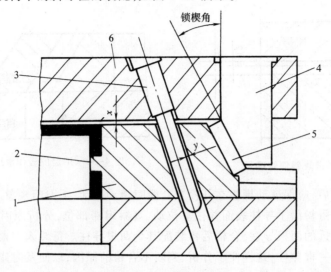

图4-55　斜导柱的装配
1—滑块;2—垫片;3—斜导柱;4—锁楔块;5—垫片;6—定模板

1. 装配技术要求

（1）合模后,滑块的上平面与定模平面之间必须留有 $x = 0.2 \sim 0.5$ mm 的间隙。这个间隙在注塑机合模时被锁模力消除,转移到锁紧楔和滑块之间。

（2）合模后,斜导柱外侧与滑块斜导柱孔之间应留有 $y = 0.2 \sim 0.5$ mm 的间隙。在注塑机合模后,锁模力把滑块推向型芯,如不留间隙会使导柱受侧向弯曲力。

2. 装配步骤

（1）将型芯装入型芯固定板,组成型芯组件。

（2）安装导块。按设计要求在固定板上调整滑块和导块的位置。待位置确定后,用夹板将其夹紧,钻削导块安装孔和动模板上的螺孔,安装导块。

（3）安装定模板锁楔块。保证楔斜面与滑块斜面有70%以上的面积吻合。（如侧向型芯不是整体式,则在侧向型芯位置垫以相当于制件壁厚的铝片或钢片）。

（4）合模。检查间隙 x 值是否合格（通过修磨和更换滑块尾部垫片保证 x 值）。

（5）镗削导柱孔。将定模板、滑块和型芯组件一起用夹板夹紧,在卧式镗床上镗削斜导柱孔。

（6）松开模具,安装斜导柱。

（7）修正滑块上的导柱孔口成圆锥状。

（8）调整导块,使之与滑块松紧适应;钻导块销孔,安装销孔。

（9）镶侧向型芯。

三、塑料模总装配程序

由于塑料模的结构比较复杂、种类较多,故在装配前要根据其结构特点拟定具体装配工艺。

塑料模的常规装配程序如下：

（1）确定装配基准。

（2）装配前要对零件进行测量，合格的零件必须去磁并擦拭干净。

（3）调整各零件组合后的累积尺寸误差，如各模块的平行度要校验修磨，以保证模板组装密合；分型面处吻合面积不得小于80%，间隙不得超过溢料量极小值，以防止产生飞边。

（4）装配时要尽量保持原加工尺寸的基准面，以便总装合模调整时检查。

（5）组装导向系统，保证开模、合模动作灵活，无松动和卡阻现象。

（6）组装修整顶出系统，并调整好复位及顶出位置等。

（7）组装修整型芯、镶件，保证配合面间隙达到要求。

（8）组装冷却或加热系统，保证管路畅通，不漏水、不漏电，阀门动作灵活。

（9）组装液压或气动系统，保证运行正常。

（10）紧固所有连接螺钉，装配定位销。

（11）试模。试模合格后打上模具标记，如模具编号、合模标记及组装基准面等。

（12）最后检查各种配件、附件及起重吊环等零件，以保证模具装备齐全。

四、塑料模装配实例

图4-56所示为热塑性塑料注射模。

1. 装配要求

（1）模具上下平面的平行度偏差不大于0.05 mm，分型面处需密合。

（2）顶件时，顶杆和卸料板动作必须保持同步。上下模的型芯必须紧密接触。

2. 装配工艺

（1）按图样要求检验各零件尺寸。

（2）修磨定模与卸料板分型曲面，使之密合。

（3）将定模、卸料板和支承板叠合在一起并用夹板夹紧，镗削导柱、导套孔，在孔内压入工艺定位销后加工侧面的垂直基准。

（4）利用定模的侧面垂直基准确定定模上实际型腔中心，作为以后加工的基准。分别加工定模上的小型芯孔、镶块型孔和镶块台肩面，修磨定模型腔部分，并把镶块压入型孔内进行镶块组装。

（5）在定模卸料板和支承板上分别压入导柱、导套，并保持导向可靠、滑块灵活。

（6）用螺孔压印法和压销钉套法，将型芯紧固定位于支承板上。

（7）过型芯引钻，铰削支承板上的顶杆孔。

（8）过支承板引钻顶杆固定板上的顶杆孔。

（9）加工限位螺钉孔、复位杆孔，组装顶杆固定板。

（10）组装模脚与支承板。

（11）在定模座板上加工螺孔、销钉孔和导柱孔，将浇口套压入定模座板上。

（12）装配定模部分。

（13）装配动模部分，并修正顶杆和复位杆长度。

（14）装配完毕后进行试模，试模合格后打标记并交验入库。

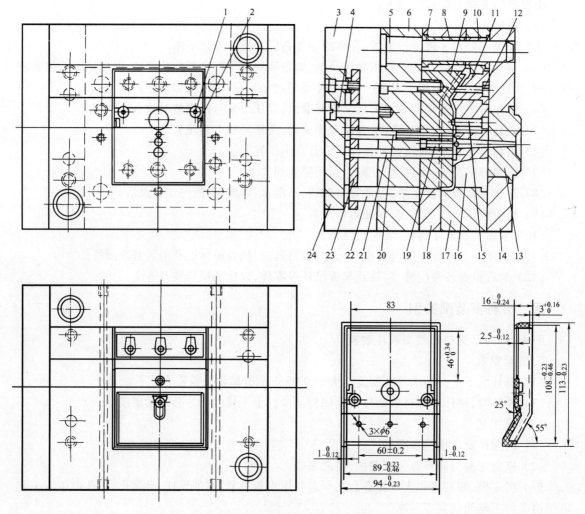

图 4-56　热塑性塑料注射模

1—嵌件螺杆；2—矩形推杆；3—模脚；4—限位螺钉；5—导柱；6—支承板；7—销套；8、10—导套；9、12、15—型芯；11、16—镶块；13—浇口套；14—定模座板；17—定模；18—卸料板；19—拉杆；20、21—顶杆；22—复位杆；23—顶杆固定板；24—顶板

五、塑料注射模具装配综合实例——塑料壳体

（一）塑件产品制品图

塑件产品制品图如图 4-57 所示。

（二）模具装配图

塑料注射模具装配图如图 4-58 所示。

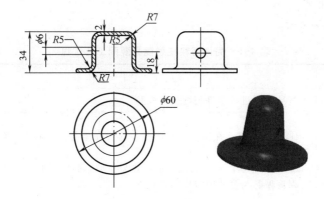

图 4-57 塑料壳体制件图

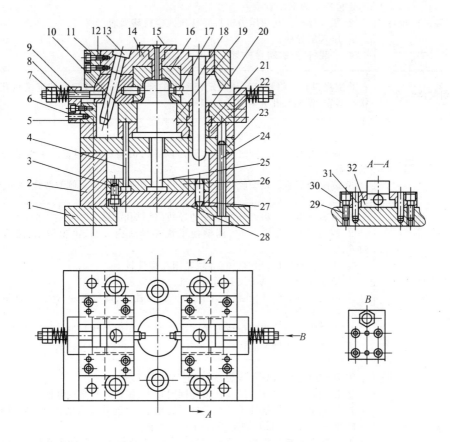

图 4-58 壳体塑料注射模具装配图

1—动模座板;2—垫块;3、12、24、29—螺钉;4—推杆;5—限位块;6—定位销;7—螺母;8—弹簧;9—双头螺柱;10—推件板;11—楔紧块;13—斜导柱;14—定模板;15—浇口套;16—型腔;17—侧型芯;18—导柱;19—型芯;20、21—导套;22—型芯固定板;23—垫板;25—导柱;26—推杆固定板;27、31—定位销;28—推板;30—导滑块;32—滑块

（三）模具装配工艺

模具装配工艺见表 4-5。

表 4-5　壳体塑料注射模具装配工艺过程

工序	工序名称	工 序 内 容
1	准备和检验	按装配图进行零件装配前的检验
2	组装型芯组件	① 压入型芯。在压力机上将型芯压装在型芯固定板上，将型芯固定板底面与型芯端面磨平。 ② 压入导套。在压力机上将导套装在型芯固定板上。 保证型芯与型芯固定板的垂直度
3	组装定模组件	① 压入型腔。按要求将型腔压装在定模座上并对其进行紧固和定位，保证型腔与定模座下表面垂直度。 ② 压入导柱。利用压力机将导柱压入定模座要求。 ③ 压入斜导柱。 ④ 一起将导柱、斜导柱与定模座上表面磨平
4	组装浇口套	装配浇口套。将浇口套压入定模座上的浇口套内，使浇口套和定模板孔的定位台接合紧密，钻螺纹孔并对其进行紧固
5	组装侧型芯	① 压入导套。将导套压装在推杆板上。 ② 调整主型芯和型腔之间的间隙。以导向机构定位，调整好主型芯与型腔之间的间隙。 ③ 装配侧型芯。以型腔侧型芯孔定位，压印加工滑块上侧型芯孔，装配侧型芯
6	组装侧抽芯	① 组装导滑块。将部分加工好的导轨（销钉孔不钻）安装在推件板上 ② 调整。以侧型芯定位，调整使滑块在导轨内灵活、平稳滑动，然后配加工销钉孔。 ③ 压入销钉定位。用螺钉把导轨紧固在推件板上。 ④ 安装楔形块。以滑块斜面为基准，修配安装楔形块。 ⑤ 以斜导柱为基准，在滑块上配加工斜导柱孔，调试滑块行程，保证侧向型芯位置准确、运动平稳。 ⑥ 安装限位块。将限位块安装在推件板上，把限位块与推件板下平面磨平。 ⑦ 修磨并装入侧型芯机构
7	组装推件机构	① 压装导套。将导套压装在垫板上。 ② 压装导柱。将导柱压装在推杆固定板上，保证其垂直度合格。 ③ 压装推杆。将推杆压装在推杆固定板上，保证其垂直度合格。将推杆固定板、导柱和推杆端面与推杆固定板底面一起磨平。 ④ 装配调整推出机构。将所有的推杆装入垫板和型芯固定板的配合孔中，保证推杆工作端面高于型面 0.05～0.10 mm，当其运动的灵活性、平衡性合格后，盖上推板，将推板与推杆固定板用平行夹头紧固，配加工紧固螺钉孔，最后用螺钉紧固
8	组装动模部分	把动模座、垫块、垫板和型芯固定板一起组装，并调整好位置，根据推杆的长度修磨垫块的高度，然后用螺钉一起固定

思 考 题

1. 在生产中,应该用什么样的组织形式和方法来加工一套模具?

2. 冲模的模架装配有哪些要求?用哪些方法进行装配?

3. 什么是装配尺寸链?其在模具的装配过程中有何作用?

4. 装配尺寸链分为封闭环和组成环,这些环是怎样确定的?

5. 冲裁模的凸、凹模间隙的调整常用哪些方法?

6. 试说明图 4-27 冲裁模的装配过程。

7. 图 4-28 的冲裁模试冲时,会出现什么缺陷,应怎样调整?

8. 塑料模装配的基准是怎样划分的?

9. 在塑料模的装配中,小型芯常用哪种方法装配?

10. 在塑料模的装配中,用什么方法来固定大型芯?

11. 常见塑料模型腔有哪几种装配方法?

12. 常用什么方法来消除型腔板与固定板之间的间隙?

13. 装配浇口套时有哪些要求?

14. 试述塑料模顶出机构的装配顺序。

15. 在有斜滑块的装配模具中,对滑块的定位有哪些要求?

16. 试说明图 4-56 热塑性塑料注射模的装配过程。

17. 常用模具安装在注射机上有哪两种形式?

18. 注射模试模中常见的问题及解决方法有哪些?

第五章 模具调试

模具在装配之后,要经过试模与调整以对制件的质量和性能进行综合考查,及时发现模具设计与制造中存在的问题,以便于对原设计及加工与装配中的工艺缺陷加以改进和修正,制出合格的制品来。

第一节 塑料注射成形模具的调试

一、塑料注射成形设备及工艺

(一)塑料成形设备

图5-1所示为精密塑料注射成形机,为一种塑料成形设备。

图5-1 精密塑料注射成形机

(二)塑料注射成形工艺

塑料注射成形工艺流程一般为:

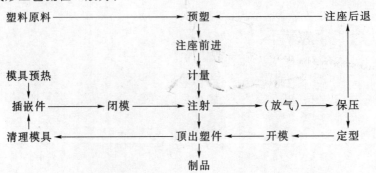

不同品种的热塑性塑料,其注射成形工艺有不同的特点,这主要是由它们在性能上的差异引起的。由于塑料的品种不同,塑料的结晶度、热稳定性的好坏、流变性及吸湿性也会有所不同,所以要求有相应的注塑机、模具及成形工艺条件,以得到质量高、成本低的产品。表5-1所示为一些常用热塑性塑料的注射成形工艺。

表5-1　一些常用热塑性塑料的注射成形工艺

树脂名称	制品图	物理性能	制品简单鉴别方法	注射成形工艺条件		
聚乙烯PE	 PE 过滤器图 PE 儿童桌椅图	聚乙烯是白色蜡状半透明塑料,柔而韧,比重为0.94~0.96 g/cm³,无毒;耐腐蚀性、电绝缘性（尤其高频绝缘性）优良,可以氯化,辐照改性,可用玻璃纤维增强	聚乙烯制品表面有蜡状滑腻感,能浮在水面上,无毒,无味;将其燃烧时,火焰上端为黄色,中间为蓝色,散发出石蜡气味,不能自熄;熔料易滴落	设定温度/℃	LDPE	HDPE
				机筒后部	140~160	140~160
				机筒中部	170~210	180~220
				机筒前部	170~200	180~190
				喷嘴	150~170	150~180
				模具	30~45	40~60
				注射压力/MPa	60~80	
				保压	30%~60%	
				背压/MPa	1.5~2.5	
				注射速度	除精密注射薄制品外,中等速度即可	
				收缩性	1.5%~2%	
				预干燥	不需要	
				边角料回收	可用10%回收粉料	
聚丙烯PP	 PP 生活用品图 PP 生活用品图	聚丙烯为白色蜡状塑料,外观似聚乙烯,但比聚乙烯更轻,比重为0.9~0.94 g/cm³,强度、刚度、硬度、耐热性均优于低压聚乙烯,可在100℃左右使用,具有良好的电性能和高频绝缘性,不受湿度影响,但低温时变脆,不耐磨,易老化	聚丙烯制品为白色蜡状塑料,无毒,比聚乙烯制品轻且硬,透明性也比聚乙烯制品好。燃烧时,火焰上部为黄色,中下部为蓝色,冒黑烟,散发出石油气味,熔料易滴落,不能自熄	设定温度/℃		
				机筒后部	160~170	
				机筒中部	200~230	
				机筒前部	180~200	
				喷嘴	170~190	
				模具	40~80	
				注射压力/MPa	120~180	
				保压	50%~70%	
				背压/MPa	1.2~2.0	
				注射速度	高速注射	
				收缩性	1.2%~2.2%	
				预干燥	不需要	
				边角料回收	可用10%回收粉料	

树脂名称	制品图	物理性能	制品简单鉴别方法	注射成形工艺条件		
聚氯乙烯 PVC	PVC 三通管图 PVC 外壳制品图	聚氯乙烯为白色粉末,比重 1.38 g/cm³,力学性能、电性能优良,耐油、耐磨、耐化学腐蚀性好,耐酸能力极强,化学稳定性好,但软化点低	聚氯乙烯制品不易燃烧,燃烧时,火焰呈黄色,下端为绿色,冒白烟,塑料变软,发出一种刺激性酸味,如果离开火源即熄灭	设定温度/℃	HPVC	SPVC
				机筒后部	80~120	100~120
				机筒中部	130~150	120~140
				机筒前部	160~190	140~170
				喷嘴	170~185	170~180
				模具	30~60	30~60
				注射压力/MPa	100~160	
				保压	60%~80%	
				背压/MPa	不大于 0.5	
				注射速度	中等速度即可	
				收缩性	0.5%~0.7%	
				预干燥	不需要	
				边角料回收	应仔细对待,如不糊车,可 100%回收	
聚苯乙烯 PS	PS 磁带盒图 小商品展示架制品图	聚苯乙烯是无色、透明,具有玻璃光泽的材料,透光率仅次于有机玻璃,比重为 1.05 g/cm³,电绝缘性(尤其高频绝缘性)优良,着色性、耐水性、化学稳定性良好;强度一般,质脆,不耐冲击,易产生应力脆裂,不耐苯、汽油等有机溶剂	聚苯乙烯制品外观光泽,无色、透明,酷似玻璃,敲击时有清脆金属声,无味、无毒,燃烧时火焰呈橙黄色,冒黑烟,制品软化起泡	设定温度/℃		
				机筒后部	150~180	
				机筒中部	180~230	
				机筒前部	210~250	
				喷嘴	210~280	
				模具	60~80	
				注射压力/MPa	60~150	
				保压	30%~60%	
				背压/MPa	1.0~2.0	
				注速度	如薄壁制品则采用高速注射	
				收缩性	约 0.45%	
				预干燥	不需要	
				边角料回收	可用 10%回收料	

树脂名称	制品图	物理性能	制品简单鉴别方法	注射成形工艺条件	
聚甲基丙烯酸甲酯 PMMA	 PMMA 透明制品图 PMMA 笔架图	聚甲基丙烯酸甲酯(俗称有机玻璃),透光率为 90%~92%,比重为 1.19~1.22 g/cm³,耐气候性能良好,表面硬度较低	聚甲基丙烯酸甲酯制品,外形无色、透明,酷似玻璃,敲击时声音发闷,无味、无毒;燃烧时,火焰呈浅蓝色,顶端白色,同时发出强烈的花果臭和腐烂的蔬菜臭味	设定温度/℃	
				机筒后部	150~210
				机筒中部	170~230
				机筒中部	180~250
				机筒前部	180~275
				喷嘴	180~275
				模具	60~90
				注射压力/MPa	使用高压
				保压	用较高的保压力
				背压/MPa	1.5~4.0
				注射速度	如薄壁制品则缓慢注射
				收缩性	0.4%~0.8%
				预干燥	70~100 ℃下约 8 h
				边角料回收	可用 20%回收料,干燥后加入
丙烯腈-丁二烯-苯乙烯共聚物 ABS	 ABS 手机外壳图 ABS 鼠标外壳图	ABS 塑料是丙烯腈-丁二烯-苯乙烯三元共聚物,属于无定形聚合物,比重 1.05 g/cm³,具有较好的综合性能	ABS 塑料制品不透明,表面呈浅象牙色,配色后的制品表面有较好的光泽,既硬又具有坚韧性,无毒,无味	设定温度/℃	
				机筒后部	180~230
				机筒中部	210~260
				机筒前部	210~280
				喷嘴	210~280
				模具	60~90
				注射压力/MPa	100~150
				保压	30%~60%
				背压/MPa	1.0~2.5
				注射速度	初始缓慢,而后快速
				收缩性	0.4%~0.7%
				预干燥	70~100 ℃下约 8 h
				边角料回收	可用 30%回收粉料

二、塑料注射模具的安装

（一）模具安装在成形机械上之前的注意事项

新模具安装在成形机械上之前要注意：

（1）模具起吊前，安上并检查起吊螺栓，确定螺栓位置是否合适，粗细是否足够。

（2）检查使用的成形机是否适合，喷嘴的半径和直径、定位圈的大小、连杆间距等是否合适。

（3）检查冷却水孔是否堵塞，可通空气试。

（4）用链滑车等试开模具，看一下是否锈蚀（不要随便把手伸进模具），检查紧固螺栓等是否拧紧。

（5）检查分型面有无损伤、咬住的情况。

（二）注射成形模具的安装

如图 5-2 所示，注射成形模具的安装顺序为①→②→③。

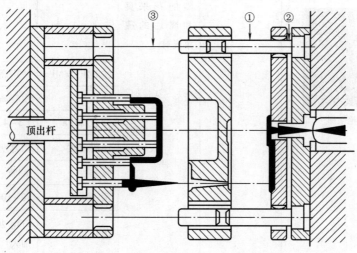

图 5-2　注射成形模具的安装示意图

1. 成形机械的安全检查事项

（1）紧急停止按钮的动作是否正常。

（2）安全门的动作是否正常。

（3）电气绝缘完好程度。

（4）加热线圈有没有断线。

（5）冷却水是否畅通。

（6）操作油是否在使用期限内，量是否充分。

（7）操作油的温度是否合适。

（8）有没有漏油情况。

（9）电动机和泵等的声音是否正常。

（10）电流计的指针摆动是否正常。

（11）加热圈的温度控制是否正常。

（12）有没有因相擦而发出声响的地方。

（13）有没有过热的部件（特别是电器部件）。

（14）有没有误动作（试一下各个开关）。

2. 模具安装的常用工具

模具安装的常用工具如图 5-3 所示。

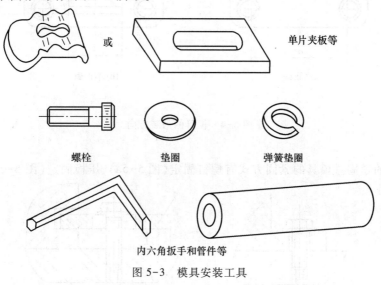

或　　　　　　　　　　单片夹板等

螺栓　　　　垫圈　　　　弹簧垫圈

内六角扳手和管件等

图 5-3　模具安装工具

3. 模具安装的步骤

一般模具安装需要 2~3 人,在条件允许的情况下,尽量将模具整体吊装。

操作方法如下:

（1）模具安装方向:

① 模具中有侧向滑动机构时,尽量将其运动方向与水平方向相平行,或者向下开启,切忌放在向上开启的方向,这样可有效地保护侧滑块的安装复位,防止碰伤侧型芯。

② 当模具长度与宽度尺寸相差较大时,应尽可能地将较长边与水平方向平行,这样可以有效地减轻导柱拉杆或导杆在开模时的负载,并使因模具重量而造成的导向件产生的弹性形变控制在最小范围内,如图 5-4 所示。

③ 模具带有液压油路接头、气压接头、热流道元件接线板时,应尽可能将其放置在非操作面,以方便操作。

（2）吊装方式:

① 模具整体吊装。将模具吊入注射机拉杆模板间后,调整方位,使定模上的定位环进入固定板上的定位孔,并且放正,慢速闭合动模板,然后用压板或螺钉压紧定模,并初步固定动模,再慢速微量开启动模 3~5 次,检查模具在闭合过程中是否平稳、灵活,有无卡住现象,最后固定动模板。

② 模具人工吊装。中、小型模具可以采用人工吊装。一般从注射机的侧面装入,在拉杆上垫上两根木板,将模具慢慢滑入。在安装过程中要注意保护合模装置和拉杆,防止拉杆表面拉

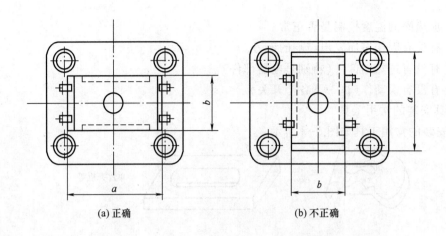

(a) 正确   (b) 不正确

图 5-4 模具的吊装方向

伤、划伤。

（3）模具的紧固。模具的紧固方式有螺钉固定（图 5-5a）、压板固定（图 5-5b、c、d）

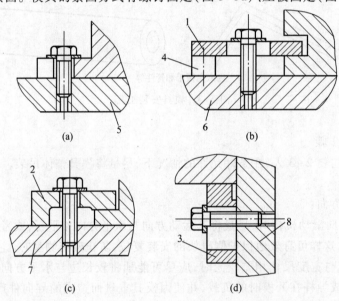

(a)   (b)

(c)   (d)

图 5-5 模具的紧固
1、2、3—压板；4—垫块；5、6、7、8—注塑机模板

三、简单塑料注射模具的安装、调试

如图 5-6 所示为单分型塑料注射模具，其安装、调试步骤如下。

（一）模具安装

（1）在操作注射机之前，要着装合适，设备要进行安全检查。

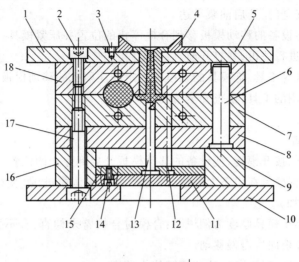

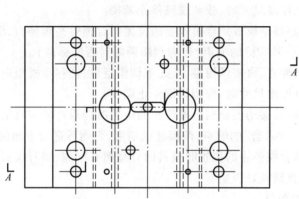

图 5-6 单分型塑料注射模具

1—定模底板;2、3、14—连接螺钉;4—浇口套;5—定位环;6—导柱;7—动模板;8—垫板;9—支铁;10—动模底板;
11—下顶出板;12—回程杆;13—Z 形勾料杆;15—上顶出板;16—动模板;17—连接螺钉;18—定模板

（2）打开总电源,然后合上分电源（设备）。

（3）旋开紧急开关。

（4）关上前、后安全门。

（5）按油泵按钮开启油泵马达,进行开机。

（6）根据模具的情况,在手动状态下调整好合模安全装置、顶针行程和合模侧的限位开关等。

（7）按开模键,使设备的移动模板开启到停止的位置。

（8）按油泵按钮进行关机。

（9）打开前、后安全门。

（10）如有吊装装置,可以用吊环把模具吊装在注射机定模板的定位孔穴的位置;如果没有吊装装置,则要用木板把模具抬到注射机定模板的定位孔穴的位置。

（11）用压板、螺钉等工具，把模具的定模板固定在注射机的定模板上。

（12）关上前、后安全门，开启油泵马达。

（13）按合模键，使设备的移动模板移到合模停止的位置并压紧模具。

（14）按油泵按钮进行关机，并打开前、后安全门。

（15）用压板、螺钉等工具，把模具的动模板固定在注射机的移动模板上。

（16）卸下吊装所用的工具，检查安全情况。

（二）模具调试

1. 模具厚度的调试

（1）在手动状态下，按开模键，使设备的移动模板开启到停止的位置。

（2）按调模键，根据模具在设备上的情况（合严否），按调模进键（使模板间距减少）或按调模退键（使模板间距增加）。

（3）以模板间距小于模具厚度为例说明：合模时合模臂未伸直，合不紧，需要增加模板间距时，按调模退键，移动模板向后慢慢移动。

（4）估计达到模具厚度尺寸时，按调模键停止调模。

（5）按合模键，观察移动模板到合模停止的位置时合模臂是否伸直，模具的分型面是否有间隙，肘臂伸直时是否有一声"当"的响声（作为判断调好与否的标准）。

（6）若合模臂没有伸直，再按调模键，按几下调模退键，使移动模板向后慢慢移动少许距离。

（7）估计达到模具厚度尺寸时，按调模键停止调模。

（8）再按合模键，观察移动模板到合模停止的位置时合模臂的伸直情况：模具的分型面没有间隙，肘臂伸直时并有一声"当"的响声，调模过程结束，否则再进行上面的步骤。

（9）若移动模板到合模停止的位置时模具的分型面有间隙，则开模后按调模键，按调模进键进行上面相反的工作，直到调好为止。

2. 模具顶出距离的调整

（1）按手动状态下的顶针前进键，观察模具顶杆的顶出量的大小。

（2）若模具顶杆的顶出量小于制品的高度，估计还需要多大的顶出量。

（3）按功能状态下的顶针键，出现如图5-7所示顶针设定的画面。

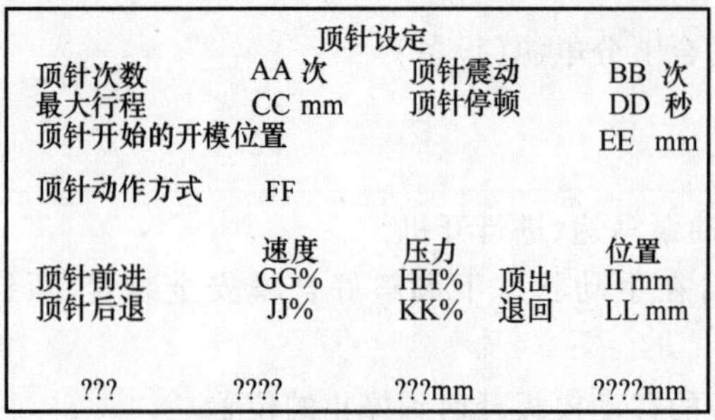

顶针设定			
顶针次数 AA 次		顶针震动	BB 次
最大行程 CC mm		顶针停顿	DD 秒
顶针开始的开模位置			EE mm
顶针动作方式 FF			
	速度	压力	位置
顶针前进	GG%	HH% 顶出	II mm
顶针后退	JJ%	KK% 退回	LL mm
???	????	???mm	????mm

图5-7 顶针设定的画面

（4）在顶针设定的画面中，对画面中AA～LL进行设定。

（5）按方向键把光标移动在GG的位置（顶针前进的设定）。

（顶针前进的速度为 35%,顶出油缸的压力为系统压力的 40%,顶针离原点的距离为 32 mm。）

（6）按数字 3、5 键,设定为 35。

（7）再按输入键进行确定,设定完顶针前进的速度为 35%,这时光标自动移到 HH 的位置。

（8）按数字 4、0 键,设定为 40。

（9）按输入键进行确定,设定完顶针前进的压力为 40%,这时光标自动移到 Ⅱ 的位置,如图 5-8 所示。

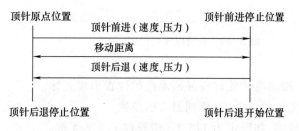

图 5-8　顶针顶出位置示意图

（10）这时设定顶出停止位置的数值为(32+5) mm(顶出量少 5 mm,需加 5 mm 的顶出量才能顶出制品),按数字 3、7 键,再按输入键进行确定。

（11）同样设定顶针后退的各个参数。

（12）按合模键闭合模具,使顶杆回位,再按开模键开模。

（13）按手动状态下的顶针前进键,观察模具顶杆的顶出量是否合适。

（14）如果不合适,则重复上面的动作。

（15）合适则调整步骤完成。

（三）工艺的调整

1. 温度的调整

（1）设定值:

温度 ＼ 料筒位置	Ⅰ（温 1）	Ⅱ（温 2）	Ⅲ（温 3）	喷嘴温度
料筒温度/℃	200	175	140	60%（参考值）

（2）温度键、功能键控制面板如图 5-9 所示。

图 5-9　温度键、功能键控制面板

（3）步骤:温度键（功能键）→方向键→数字键（＋、－键）→按输入键进行确定。

（4）料筒温度的设置如图5-10所示。

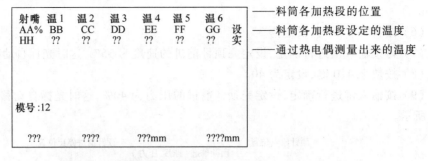

图5-10　料筒温度的设置

① 在开机状态下,按温度功能键在屏幕温度的位置出现光标。

② 按方向键调整光标的位置,如调到温2的位置。

③ 按数字键输入数字,如设定为175 ℃,则按数字1、7、5键。

④ 按输入键进行确定。

⑤ 同样可以按照上面的方法设置其他温度段的温度。

（5）喷嘴温度的设置:喷嘴加热的时间设定为10~30 s,一般20 s为一个周期(图5-11)。用加热时间长短的百分数表示,图中出现"▲"符号表示加热。一个周期分为开通和断开两部分。

① 在开机状态下,按温度的功能键在屏幕温度的位置出现光标。

② 按方向键调整光标的位置到射嘴。

③ 按数字键输入数字,如设定60%（12 s）,就按数字6、0键。

④ 按输入键确定。

2. 压力的调整

（1）塑化压力(背压):

① 在开机状态下,按熔胶的功能键出现图5-12所示画面。

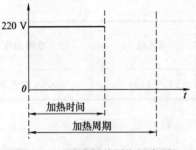

图5-11　喷嘴加热周期示意图

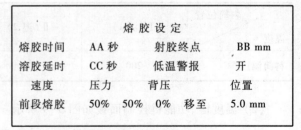

图5-12　熔胶设定画面

② 按方向键调整光标的位置,如调到前段熔胶速度的位置。

③ 按数字键输入数字,如设定50%,则按数字5、0键。

④ 按输入键确定,同时光标自动移动下一个位置(压力)。

⑤ 按数字键输入数字,如设定50%,则按数字5、0键。

⑥ 按输入键确定,前段熔胶压力设定完成,同时光标自动移动下一个位置(背压)。

⑦ 按数字键输入数字,如 0%。

⑧ 按输入键确定,前段熔胶背压设定完成,同时光标自动移动下一个位置(位置)。

⑨ 按数字键输入数字,如按数字 5 键,设定前段熔胶距原点的位置为 5 mm。

⑩ 按输入键确定,同时光标自动移动下一个位置。

⑪ 同样设定其他参数。

⑫ 再按熔胶功能键退出熔胶设定画面。

(2)注射压力:

① 在开机状态下,调整好料筒的温度并升温。

② 料筒的温度达到后保持约 15 min 的恒温时间。

③ 按油泵键,启动油泵电机。

④ 按功能状态下的射胶键,出现射胶设定的画面(图 5-13)。

⑤ 在屏幕可调的位置上出现光标。

⑥ 按方向键调整光标的位置,如调到射胶第一段速度的位置。

⑦ 按数字键输入数字,如按数字 6、0 键,射胶第一段的速度为 60%。

⑧ 按输入键确定,同时光标自动跳到下一个位置(压力)。

⑨ 按数字键输入数字,如按数字 6、0 键,射胶第一段的压力为 60%。

射胶设定		选择:XX	
充填时间	AA 秒	射胶终点	BB mm
射胶时间	CC 秒	熔胶终点	DD mm
	速度	压力	位置
射胶一段	EE%	FF%	移至 GG mm
射胶二段	HH%	II%	移至 JJ mm
射胶三段	KK%	LL%	移至 MM mm
射胶四段	NN%	OO%	移至 PP mm
射胶五段	QQ%	RR%	溢料 SS mm
保压一段		TT%	时间 UU 秒
保压二段		VV%	时间 WW 秒
???	????	???mm	????mm

图 5-13 射胶设定画面

⑩ 按输入键确定,同时光标自动跳到下一个位置(位置)。

⑪ 按数字键输入数字,如射胶第一段的位置为螺杆头移到距离原点 50 mm 的位置14,按数字 5、0 键,设定一级注射(射胶)到达的距原点 50 mm 的位置。

⑫ 按输入键确定,同时光标自动跳到下一个位置(位置)。

⑬ 同样设定其他各个参数。

⑭ 最后按温度键退出射胶设定画面,完成设定。

3. 时间的调整

(1)在开机状态下,按功能状态下的时间键,调出时间设定的画面。

(2)在屏幕上出现光标,可以进行移动。

（3）按方法键,调整光标的位置,如调到射胶时间处。

（4）按输入键确定,同时光标自动跳到下一个位置（冷却时间）。

（5）根据制品的情况设置冷却时间,如按数字键 2、5,即冷却的时间为 25 s。

（6）按输入键确定,同时光标自动跳到下一个位置（保压）。

（7）同样设置其他各个参数。

（8）最后按时间键退出时间设定画面,设定完成。

四、塑料注射成形模具调试注意事项及需解决的问题

（一）注塑机安全操作注意事项（表 5-2）

表 5-2　注塑机安全操作注意事项

开 机 前	① 检查电气控制箱内是否有水、油进入,若电气受潮,切勿开机,应由维修人员将电气零件吹干后再开机。 ② 检查供电电压是否正常,一般不应超过±15%。 ③ 检查急停开关及前后安全门开关是否正常,查验电动机与油泵的转动方向是否一致。 ④ 检查各冷却管道是否畅通,并对油冷却器和机筒下料口处的冷却水套通入冷却水。 ⑤ 检查各活动部位是否有润滑油（脂）,并加足润滑油。 ⑥ 检查机器各运动部件（拉杆、导轨、导杆、油缸等）表面是否清洁,以免有异物而磨损表面。 ⑦ 检查各紧固件是否有松动现象,电路、油路、水管的连接是否可靠。检查液压系统的工作油量是否充足,如不足应加到指定位置。 ⑧ 打开电热,对机筒各段进行加热。当各段温度达到要求时,再恒温一段时间,以使机器温度趋于稳定。保温时间根据不同设备和塑料原料的要求而有所不同。 ⑨ 检查料斗内有无异物,并在料斗内加足塑料。根据不同塑料的要求,有些原料最好先经过干燥。 ⑩ 盖好机筒上的隔热罩,这样可以节省电能,又可以延长电热圈和电气元件的寿命
运 行 中	① 注意观察液压油的温度,油温不要超出规定的范围。液压油的理想工作温度应保持在 45～50 ℃之间,一般在 35～60 ℃ 范围内比较合适。 ② 注意调整各行程限位开关,避免机器在工作时产生撞击
停 机 时	① 停机前,应将机筒内的塑料清理干净,防止余料氧化或长期受热分解。 ② 应将模具打开,使肘杆机构长时间处于闭锁状态。 ③ 加料口冷却夹套的冷却水需等到料筒温度降至室温后才能关闭。 ④ 切断加热电源,关闭油泵电机、总电源。 ⑤ 车间必须备有起吊设备,装拆模具等笨重部件时应十分小心,以确保生产安全。

（二）注塑机一般操作故障及排除方法（表5-3）

表5-3　注塑机一般操作故障及排除方法

故障	原因	排除方法
油泵马达及油泵启动正常，但无压力	比例压力阀的接线松断或线圈烧毁	检查比例压力阀是否通电
	杂质堵塞比例压力阀控制油口	拆下比例压力阀清除杂质
	液压油不洁，杂物聚积于滤油器表面，导致压力油不洁而造成损坏	清洗滤油器，更换液压油
	油泵使用过久、内部损耗或压力油不洁而造成损坏，内部漏油	修理或更换油泵
	油缸、油管及接头漏油	更换密封圈，消除泄漏地方
	阀芯卡死	检查阀芯是否活动正常
不锁模	安全门行程开关接线松断或损坏	接好线头或更换行程开关
	锁模电磁阀的线圈可能移向阀内，卡住阀芯	清洗或更换开合模控制阀
	方向阀可能不复位	清洗方向阀
	顶针不能退回复位	检查顶针动作是否正常
不射胶	射胶电磁阀的线圈可能已烧，或有外物进入方向阀内，卡住阀芯	清洗或更换射胶电磁阀
	压力过低	调高射胶压力
	注塑时的温度过低	调高温度，若还不能升高温度，检查电热圈及熔断器是否烧毁或松断，如已断、坏，更换新的
	射胶方向阀接线松断或接触不良	将方向阀线头接好
不熔胶或熔胶太慢	行程开关失灵或位置不当	调整行程开关位置
	节流阀调整不当	调整到适当的流量
	熔胶电磁阀的线圈可能已烧，或有外物进入方向阀内，卡住阀芯	清洗或更换熔胶控制阀
	温度不足，导致马达过载	检查电热圈是否烧毁（此时应该严格停止开动熔胶马达，否则会损坏螺丝）
熔胶螺杆转动，但胶料不进入料筒内	熔胶后退压力过高，节流阀损毁或调整不当	调整或更换射胶单向节流阀
	冷却水不足，以致温度过高，令胶料进入螺杆时受阻	调整冷却水量，取出已粘结之胶块
	落料斗内无料	加料于料斗中

故 障	原 因	排 除 方 法
射台不能移动	射台移动限位行程开关被调整撞块压合	调整
	射台移动电磁阀的线圈可能已烧或有外物进入方向阀内卡住阀芯	清洗或更换电磁阀
不能调模	因哥林柱丝线不清洁或无润滑油而烧死	清洗哥林柱和调模丝母,修复烧坏处,加二硫化钼润滑脂
	调模电磁阀的线圈可能已烧,或有外物进入方进阀内卡住阀芯	清洗或更换电磁阀
开模时有响声	开模行程开关没有压住或失灵	调整或更换行程开关
	慢速电磁阀固定螺丝松开,或阀芯卡死	调整至有明显慢速
	开模停止行程开关调整位置太前,使开模停止时活塞碰撞油缸筒盖	调整开模停止开关到适当的位置
	机铰、钢套或铰边磨损,某一部位固定螺丝松脱	调整或更换
油温过高	油泵压力过高	应调至胶料的需求压力
	泵损坏及压力油浓度过低	检查油泵及油质
	压力油量不足	增加压力油量
	冷却系统有毛病致冷却水不足	修复冷却系统
半自动失灵	半自动循环,是由机械动作的行程触动各电气行程开关及各时间掣,发出电气信号,控制油掣来实现的。如果在手动状态下,每一个动作都正常,而半自动失灵,则大部分都是由于电气行程开关及时间掣未发出信号	首先观察半自动动作是在哪一阶段失灵,对照"动作循环图"找出相应的控制元件,进行检查加以解决即可
全自动失灵	固定螺丝松动或聚光不好导致电眼失灵	使电眼恢复工作
	时间掣失灵或损坏	调整或更称时间掣
	加热圈损坏	更换
	热电偶接线不良	紧固
	热电偶损坏	更换

（三）塑料注射制品成形缺陷与改正措施（表5-4）

表 5-4　塑料注射制品成形缺陷与改正措施

缺陷	原　因	改 正 措 施
注射不满	注射量不足,注射成形、塑化能力不强	增大注射量或更换注射机
	注射压力小,注射时间短	提高注射压力,延长注射时间
	喷嘴或流道截面积小,流动阻力大	加大喷嘴孔径,提高喷嘴温度或增大流道
	塑件壁厚太薄	尽可能增加壁厚
	型腔排气不良	增设排气槽
	模具温度过低,分布不均,造成塑料冷却过快	提高模具温度,改善冷却水路循环
	进料不平衡	修整进料口或增加浇口数
飞边	分型面间隙过大	修磨分型面,减小间隙
	模具强度或刚度差	增大模板的强度和刚度
	注射压力大,锁模力不足	减小注射压力,增大锁模力
凹痕	塑件壁太厚或厚薄不均	修改塑件结构
	注射压力不足,未能压实物料	增加注射压力
	注射保压时间短	增加保压时间
	加料不足,使得无法补缩	增大供料量
	熔料流动不畅	改善浇注系统
	料温高,模具温度高,原料收缩率大	降低模具和熔体温度
银丝	原料中含有水分或挥发性成分	充分干燥原料
	模腔内有水,润滑油或脱模剂	清理模具型腔
	塑料、模具温度高,注射压力小	降低料温和模温,提高注射压力
熔接痕	熔料流动性差	更换塑料或添加剂
	模具与熔体温度低,注射压力小	提高料温和模温,增大注射压力
	流动阻力大	改善浇注系统
	浇口太小或位置不当	调整浇口位置
	型腔排气不畅	开设排气槽
翘曲变形	塑件造型不符合成形工艺要求	改善塑件使之符合成形要求
	浇口开设位置不合理	合理布置浇口
	注射压力过大,塑件产生内应力	提高温度,减小注射压力
	冷却时间短,模温高	延长冷却时间
	推出时塑件受力不均	调整推出时间

缺陷	原　　因	改　正　措　施
裂纹发白	注射压力过大	提高温度,减小注射压力
	推出塑件受力不均	调整推出系统,改善受力情况
	型腔脱模斜度小,存在尖角或缺口,塑件产生应力集中	修整脱模斜度和塑件
	型腔、型芯表面粗糙度大,与塑件脱模阻力大	对型芯和型腔表面抛光
气泡	塑件中含有水分或挥发性物质	对塑件进行干燥或预处理
	料温高,加热时间长	降低料温或缩短受热时间
	模具温度低,易出现真空气泡	提高模具温度
	模具排气不良	改善模具排气
尺寸不合格	塑料收缩率波动区间大	更换塑料
	成形尺寸计算错误	重新计算,修整型腔尺寸
	型腔尺寸加工不合格	修整型腔尺寸
	温度或注射压力控制不当	调整注射压力和温度

第二节　冷冲压成形模具的调试

一、冷冲压成形模具的安装

（一）冷冲压成形设备

图 5-14 所示为 JD21-100A 曲柄压力机,为一种冷冲压成形设备。

（二）冷冲压成形模具的安装技术要求

（1）模具外观要求。装配完成后,要根据冲模技术条件或图纸要求进行外观检查,然后进行空载试验,合格后才能进行试模。

（2）试冲板料。试冲的板料必须经过检验,要符合技术要求,如需更换,要经单位主管工艺人员或客户同意。

（3）冲压设备。试冲所用设备要符合工艺规定,精度要符合有关标准。

（4）试冲零件数量。小型模具试冲数量不少于 50 件;硅钢片试冲数量不少于 200 件;自动冲模连续时间应不少于 3 min;大型覆盖件试冲数量一般为 5~10 件。

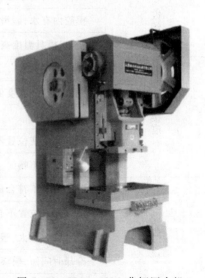

图 5-14　JD21-100A 曲柄压力机

（5）冲件质量。断面应光洁无撕裂或裂纹；零件的尺寸公差及表面质量要符合技术要求。

（6）模具交付要求。交付模具时，应将试冲记录、检验合格证及每工序3~10件的试冲件一并交给客户。

（三）冷冲压成形模具的安装

（1）清洁压力机滑块底面、工作台或垫板平面及冲模上、下模座的顶面和底面。

（2）将冲模置于压力机工作台或垫板上，移至近似工作位置。

（3）观察工件或废料能否漏下。

（4）用手扳动飞轮或利用压力机的寸动装置，使压力机滑块逐步降至下止点。在滑块下降过程中移动冲模，以便模柄进入滑块的模柄孔内。

（5）调节压力机至近似的闭合高度。

（6）安装固定下模的压板、垫块和螺栓，但不拧紧。

（7）紧固下模，确保上模座顶面与滑块底面无隙。

（8）紧固下模，应逐次交替拧紧。

（9）调整闭合高度，使凸模进入凹模。

（10）回升滑块，在各滑动部分加润滑剂，确保导套上部出气槽畅通。

（11）以纸片试冲，观察毛刺以判断间隙是否均匀。滑块寸动或由手扳飞轮移动。

（12）刃口加油，用规定材料试冲若干件，检查冲件质量。

（13）安装、调试送料和出料装置。

（14）再次试冲。

（15）安装安全装置。

二、冷冲压成形模具的调试

（一）冲裁模的调试

1. 凸、凹模刃口及其间隙的调整

冲裁模的上、下模要吻合，特别是对于无导向装置的冲模，上、下模安装在压力机上时，其工作零件（凸模与凹模）要咬合，凸模进入凹模的深度要适中，不能太深和太浅，以能冲下制品为准。其调整是依靠调节压力机连杆长度来实现的。

凸、凹模的间隙要均匀一致。对于有导向的冲模，调整比较方便，只要能保证导向件运动灵活而无发涩现象即可保证间隙均匀；对于无导向的冲模，为了使间隙均匀，可以在凹模刃口周围衬以紫铜皮或硬纸板进行调整，也可用塞尺及透光测试方法在压机上调整，直到上、下模的凸、凹模相互对中，间隙均匀后，再用螺钉将模板紧固于压力机的工作台上，方可进行试冲。

2. 定位装置的调整

在调整冲模时，应充分保证坯件定位的稳定、可靠性。并时常检查定位销、定位块、定位杆定位时是否合乎定位要求，有无位置偏移。假如位置不合适及定位形状不准，应及时修整其位置和形状，必要时要重新更换定位零件。

3. 卸料系统的调整

卸料系统的卸料板（顶件器）要调整至与冲件贴服；卸料弹簧或卸料橡皮弹力要足够大；卸料板（顶件器）的行程要调整到足以使制品卸出的位置；漏料孔应畅通无阻；打料杆、推料板应调整到顺利将制品推出,不能有卡住、发涩现象。

4. 导向系统调整

模具的导柱、导套要有良好的配合精度,不能发生位置偏移及发涩现象。

(二)弯曲模的调整

1. 弯曲模上、下模在压力机上的相对位置的调整

对于有导向的弯曲模,上、下模在压力机上的相对位置,由导向装置来决定;对于无导向装置的弯曲模,上、下模在压力机上的相对位置,一般由调节压力机连杆长度调整。在调整时,最好把事先制好的样件放在模具的工作位置上(凹模型腔内),然后调节压力机连杆,使上模随滑块调整到下极点,既能压实样件又不发生硬性顶撞及咬死现象,然后将下模紧固。

2. 凸、凹模间隙的调整

上、下模在压力机上的相对位置粗略调整后,再在凸模下平面与下模卸料板之间垫一块比坯件略厚的垫片(一般为弯曲坯料厚度的 1~1.2 倍),继续调节连杆长度,一次又一次用手搬动飞轮,直到使滑块能正常地通过下死点而无阻滞为止。

上、下模的侧向间隙,可采用垫纸板或标准样件的方法来进行调整,以保证间隙的均匀性。

间隙调整后,可将下模板固定、试冲。

3. 定位装置的调整

弯曲模定位零件的定位形状应与坯件相一致。在调整时,应充分保证其定位的可靠性和稳定性。利用定位块及定位钉的弯曲模,如试冲后发现位置及定位不准确,应及时调整定位位置或更换定位零件。

4. 卸件、退件装置的调整

弯曲模的卸料系统行程应足够大,卸料用弹簧或橡皮应有足够的弹力;顶出器及卸料系统应调整到动作灵活,并能顺利地卸出制品零件,不应有卡死及发涩现象。卸料系统作用于制品的作用力要调整均衡,以保证制品卸料后表面平整,不至于产生变形和翘曲。

(三)拉深模的调整

1. 进料阻力的调整

在拉深过程中,若拉深模进料阻力较大,则易使制品拉裂;进料阻力小,又会起皱。因此,在试模时,关键是调整进料阻力的大小。拉深阻力的调整方法:

(1)调节压力机滑块的压力,使之在处于正常压力下进行工作。

(2)调节拉深模的压边圈的压边面,使之与坯料有良好的配合。

(3)修整凹模的圆角半径,使之合适。

(4)采用良好的润滑剂及增加或减少润滑次数。

2. 拉深深度及间隙的调整

(1)在调整时,可把拉深深度分成 2~3 段来进行调整,即先将较浅的一段调整后,再往下调深一段,直到所需的拉深深度为止。

(2)在调整时,先将上模紧固在压力机滑块上,下模放在工作台上先不紧固,然后在凹模内放入样件,再使上、下模吻合对中,调整各方向间隙,使之均匀一致后,再将模具处于闭合位置,拧紧螺栓,将下模紧固在工作台上,取出样件,即可试模。

三、冷冲压成形模具调试注意事项及故障排除

（一）模具在调试过程中应注意的问题

（1）试模所使用的材料及厚度，要符合零件图要求。并且，冲模试模条料宽度要符合工艺图的规定。对于连续模，其试模的条料宽度要比导板间的距离小 0.1~0.15 mm。塑料模试模用的材料，一般要经烘箱烘干。

（2）模具要在所要求的设备上试模。安装模具后，一定要紧固。

（3）模具在开始使用前，要对模具进行一次全面检查，检查无误后再进行试模。

（4）模具的各活动配合部位如导柱、导套在开始试模前要进行润滑。

（5）试模后制出的制品，要进行全面检查，若发现缺陷，对于小毛病要随机进行修整，若缺陷较大，应卸下模具进行修整，合适后再重新安装在压力机上进行试模，直到合适为止。

（6）试模后的制品零件，应不少于20件，并妥善保存，以便作为交付模具的依据。

（7）试模所用的设备，一定要符合要求。

（二）压力机一般操作故障及排除方法（表5-5）

表 5-5　压力机一般操作故障及排除方法

故障部位	故障性质	产生原因	排除方法
曲轴	曲轴轴承发热	轴与轴瓦咬住	重磨轴颈或刮研轴孔
		润滑油耗尽	清洗油路，刮研轴瓦
	流出的润滑油有铜末	油槽或油路阻塞	清洗油路和油槽
滑块	制动器松开后，滑块下不去	滑块与导轨咬住或导轨压得太紧	放松导轨重新调整
		导轨内缺少润滑油	增添润滑油
连杆	连杆与螺杆自动松动	锁紧机构松动	用扳手拧紧锁紧机构
	球碗部位有响声	球碗夹紧，零件松动	拧紧球形盖板螺钉，并用手扳动螺杆，以测松紧程度
离合器	脚踏开关后，离合器不起作用	转键拉簧断裂或太松	更换拉簧
		转键外部断裂	更换新的转键
操纵机构	离合器不起作用	拉杆长度未调好	调好拉杆长度
	操纵杆挡头不能自由活动	压力簧断裂或张力不够	更换新的压力弹簧
制动器	制动器发热	制动器钢带太紧	调节制动弹簧
	曲轴停止时，连杆超过上死点位置	制动带磨损或太紧	更换新的制动带
传动装置	启动按钮，飞轮不转	V形带太紧或太松	调节V形带的松紧程度
电器装置	手按电钮，电动机不转动	按钮开关损坏	检查按钮接触点是否良好，更换新按钮
		线路中断	检查供电线路

（三）冲裁过程中存在的问题及消除方法

1. 冲裁模试冲中存在的问题及消除方法（表 5-6）

表 5-6　冲裁模试冲中存在的问题及消除方法

存在问题	产生原因	消除方法
模具送料不通畅	导料板安装不正确或条料首尾宽窄不等	重新安装导料板或对条料进行修正
	侧刃与导料板的工作面安装后不平行，或侧刃与侧刃挡块不密合，致使冲裁时在条料上形成很大的毛刺或呈锯齿形（见下图）而影响送料。 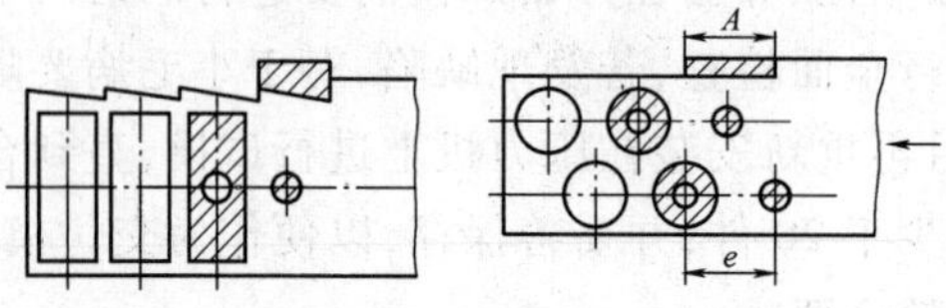	使侧刃与导料板的工作表面后相互平行，或消除侧刃与挡块之间的间隙使之密合。必要时应重新安装导料板及挡料块
	凸模与卸料板之间的间隙太大，致使在冲裁后，搭边翻转上翘而堵塞送料	调整凸模与卸料板间的间隙使之变小。必要时，用低熔点合金重新浇注卸料孔，使间隙调整合适
模具卸料或卸件困难	模具的制造与装配不准确，如卸料板与凸模配合过紧或因卸料板倾斜、卸料零件装配不当，卸料机构不能正常工作或被卡死不动作，使得卸料困难或根本卸不出料来	应修正卸料装置或重新装配，将其调整正确
	弹性元件（弹簧或橡皮）弹力不够	重新更换弹力大的弹性元件
	凹模有倒锥，或装配时凹模与下模座漏料孔没有对正，致使漏不下料来	应重新安装凹模及修正凹模孔和漏料孔
	打料杆及顶料杆长度不够，难以顶出制件及废料	重新更换打料杆及顶料杆或加厚顶料板
凸、凹模刃口相咬，发生啃刃及凸、凹模间隙不均	凸模、凹模或导柱、导套安装时不垂直于工作台面，致使凸模与凹模不同心，造成"互啃"致使模具损坏	重新安装凸、凹模及导柱和导套
	上模座、下模座、垫板以及固定板的上、下平面安装后不平行，造成凸、凹模轴心线偏斜，而相互啃刃	卸下模具，重新调整与安装
	卸料板、推件板上的孔位不正确或装配后孔位歪斜，造成冲孔凸模偏移而啃坏凹模刃口	更换零件及重新安装
	导柱、导套配合间隙大于冲模凸凹模间隙，使凸、凹模由于导向精度不高而偏移发生啃刃	更换精度高的模架
	无导向冲模安装不当或机床滑块与导轨间隙大于冲裁间隙，造成凸、凹模啃刃	更换精度较高的压力机进行试冲

存在问题	产生原因	消除方法
冲裁零件毛刺过大	若制件剪切断面上光亮带过宽,甚至出现两个光亮带和被挤出的毛刺时,表明凸、凹模间隙偏小	调整时,可用油石修研凸、凹模,一般落料模,修研凸模,冲孔模修研凹模,使其达到合理的间隙值
	若制件剪切断面上光亮带过窄,表面塌角又较大,且整个断面有很大的倾斜度,产生撕裂毛刺时,则表明冲裁间隙过大	在调整时,对于落料模只好更换一个凸模;对于冲孔模,更换一个凹模来保证间隙值,以防出现过大的毛刺
	凸、凹模刃口不锋利或淬火硬度不够	试模调整时,对凸模或凹模进行刃磨,使刃口变锋利。若由于淬火硬度太低,而使刃口变钝,则应重新对其淬硬处理,磨削后再装配使用
	导柱、导套间隙过大	更换导柱、导套或重新更换精度高的模架
	凹模孔有倒锥	修整凹模孔,将锥度修磨掉
	压力机精度不高	更换精度较高的压力机试模
制品零件翘曲不平	落料凹模有倒锥。落料凹模若有倒锥,则制件不能自由落下而被挤压变形产生翘曲	修磨凹模刃口,消除倒锥,使制件能顺利落下
	冲裁间隙不合理或刃口不锋利	调整时,应使间隙修磨合理,刃口修磨锋利或在模具上增设压料装置或增大压料力
	推件块与制品的接触面太小。推件时,则由于推力作用,使接触不到的面发生翘曲变形	调整时,应更换推件块,使其与制件接触面加大,在推件时平起平落,减少制品零件的翘曲
	模具设计不合理。在模具设计时,顶出杆或推杆若设计得分布不均,致使制品在顶出及推出时受力不匀而产生翘曲	重新调整模具顶推件系统,使之对制品受力均匀或使顶件及推件工作正常,不至于造成偏斜

存在问题	产生原因	消除方法
制品零件的内孔与外形相对位置不正常	对于单工序冲裁模,出现制件内孔与外形位置偏差时,主要是定位零件的位置和尺寸不对	调整时,应重新调整定位零件的位置和更换定位零件,直到孔位合适为止
	对于连续模,若孔与外形偏心的方向一致,则表明侧刃的长度与步距不一致	调整时,应加大(减少)侧刃长度或加大(或磨小)挡料块尺寸;若连续模多排冲压时,其他排孔位相符,而有一排孔位偏移时,表明该排冲孔凸模位置变化,应进行调整 或重新更换凸模
	对于复合模,若孔形位置不正确,表明凸、凹模位置偏移	重新装配或更换凸、凹模
	对于连续模,若导料板和凹模送料中心线不平行,即条料送进时偏移送料中心线,导致制件孔、形误差	修正导料板,使其平行于送料中心线
在试模过程中凹模被胀裂	表明凹模有导锥现象	应用风动砂轮修磨刃口消除倒锥或重新更换凹模
凸模被折断	表明卸料板倾斜或凸、凹模位置变化	调整卸料板或凸凹模相对位置,并更换凸模重新装配
	卸料不畅	修磨凹模刃口消除倒锥或重新更换凹模

2. 弯曲模试冲中存在的问题及消除方法(表 5-7)

表 5-7　弯曲模试冲中存在的问题及消除方法

存在问题	产生原因	消除方法
弯曲件弯角处有裂纹 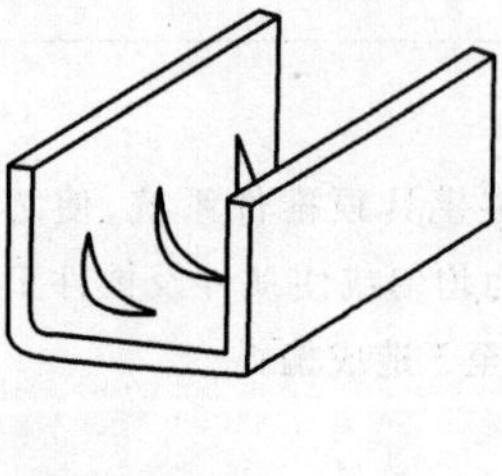 	弯曲凸模圆角半径太小。弯曲凸模圆角半径太小,造成弯角处内应力集中而产生裂纹	适当增大凸模圆角半径,使其大于材料允许的最小弯曲半径或更换凸模
	坯料上的毛刺朝向凹模。在弯曲时,如果坯料上的毛刺朝向凹模,则造成该处应力集中使零件裂纹	应翻转坯料,使毛刺朝向凸模

存 在 问 题	产 生 原 因	消 除 方 法
弯曲件弯角处有裂纹	材料塑性较差	更换塑性好的材料,或将板料弯角有裂纹处在弯曲前进行退火处理
	材料轧制方向与弯曲线平行	改变落料排样,使弯曲线垂直于板料的轧制方向
	弯曲变形过大	可加大弯曲系数,分两次弯曲,首次弯曲时,应采用较大的弯曲半径
弯曲件尺寸和形状不合图纸要求	弯曲件的回弹,造成制品不合格	① 选用力学性能较为稳定的材料弯曲。 ② 对材料在弯曲前应进行软化,降低其硬度,减少回弹。 ③ 在凸模或凹模上作出斜度补偿回弹,并使凸、凹模间隙等于最小料厚。 ④ 弯曲时,应尽量增大凸、凹模之间的接触面积。 ⑤ 采取校正弯曲代替自由弯曲,或在弯曲后增加校正工序
	毛坯定位不可靠或弯曲时发生位置变化,而造成形状、尺寸不合格	在调整时应在模具上增设压料装置,或改用孔定位方法
	凸、凹模本身尺寸精度不够或形状不正确	仔细检查凸、凹模形状和尺寸,并修整凸、凹模形状尺寸使之达到要求
弯曲件的弯曲位置不对	弯曲模的凸模 4 与凹模 1 没有对正或毛坯定位不正确	重新调整定位装置和凸、凹模相对位置
	弯曲时毛坯滑动	调整时,应利用弯曲件上的孔或工艺孔定位
弯曲件底面不平	卸料杆着力点分布不均匀或卸料时将杆顶弯	增加卸料杆数量,使其分布均匀
	料力不足,造成弯曲底面不平	应增加压料力

存 在 问 题	产 生 原 因	消 除 方 法
弯曲件表面擦伤或壁部变薄弯曲件弯曲后表面擦伤或壁部变薄	凹模圆角太小或表面质量粗糙	应加大凹模圆角半径,或进行凸、凹模抛光
	凸、凹模间隙太小,造成表面擦伤	加大凸、凹模间隙
	压料装置压力太大	设法减小压料力
	润滑不良或板料的金属微料附着在凹模上	将凹模表面抛光或镀铬,使表面粗糙度等级提高
弯曲件出现挠度(a) 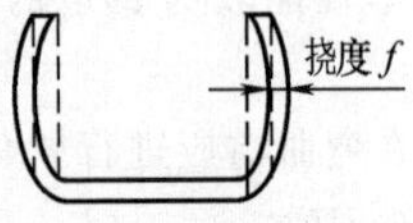	侧壁挠曲。如左图 a 所示,U形弯曲件的侧壁出现挠曲,主要是由于凸、凹模间隙过大	适当减少凸、凹模间隙值
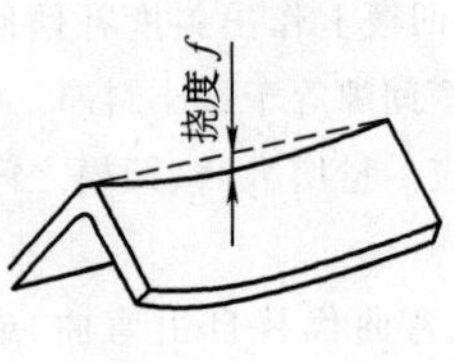 (b)	沿弯曲线方向的挠曲。零件在弯曲时,由于弯曲变形区应变状态而引起如左图 b 所示的呈马鞍形挠曲现象	采用校正弯曲,增加单位面积上的压力来消除
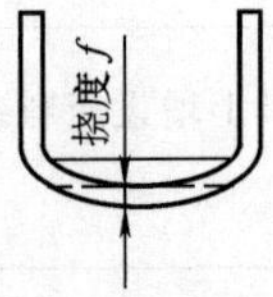 (c)	底面挠曲。底面挠曲如左图 c 所示。造成这种现象主要是由于弯曲凹模内无压料装置或压料力不足	增加弹压装置或增加压料力,必要时应增加校正工序

3. 拉深模试冲中的问题及消除方法(表 5-8)

表 5-8 拉深模试冲中的问题及消除方法

存 在 问 题	产 生 原 因	消 除 方 法
制件起皱	当折皱在制品四周均匀产生,主要是因为压边圈压边力不足	逐渐增大压料力或增加压边圈的刚性,使皱纹消除
	凹模的圆角半径太大。若凹模圆角半径太大,则增大了坯料的悬空部位,减弱了控制起皱的能力,使制件起皱	减少凹模圆角半径
	凸、凹模间隙过大。凸、凹模间隙过大,则板料抗失稳能力较差,容易产生折皱	将间隙调小些,以减少制品起皱

存 在 问 题	产 生 原 因	消 除 方 法
制件拉深深度不够	坯料尺寸太大,凸、凹模间隙太大,凸模圆角半径过小或压边力太小	减小坯料尺寸,调整凸、凹模间隙,增大凸模圆角半径,增大压边力
制件高度太大	毛坯尺寸太大,拉深凸、凹模间隙太小,凸模圆角半径过大和压料力太大	适当减小坯料尺寸,增大拉深间隙,减小凸模圆角半径和减少压边力
制件的壁厚不均或四周高度不齐	凸、凹模的轴线不同轴,间隙不均匀,凸模安装不垂直,压边力不均或坯料定位不正确	适当调整凸、凹模的轴线使其同轴,调整凸、凹模间隙,调整凸模垂直度,调整压边力及坯料定位。必要时,重新安装调整模具
拉深件凸缘起皱并且零件壁部又被拉裂	压边力太小,凸缘部分起皱,无法进入凹模而被拉裂	加大压边力使之减少起皱和被拉裂
制品底部被拉破	凹模圆角半径太小,在拉深时使材料处于剪割状态而被拉破	适当加大凹模圆角半径
在拉深锥形件或半球形件时,斜面或腰部被拉裂	压边力太小,凹模圆角半径太大,润滑油过多	加大压边力,修整凹模圆角半径使之变小,或在拉深时适当减少润滑次数或改用其他润滑剂
制品底部周边形成鼓凸	拉力不足	为了增大拉力,可采用增设压边装置,尽量减小凹模圆角半径和减小间隙等方法来解决
拉深件底面凹陷	模具无排气孔或排气孔太小、堵塞及顶料杆与制品零件接触面积太小	开设或扩大排气孔,增大顶料杆与制品零件接触面积
拉深件制品口缘折皱	凹模圆角半径太大,压边圈不起压边作用	修整凹模圆角半径使其变小,或修整压边圈结构,加大其压边力

存 在 问 题	产 生 原 因	消 除 方 法
制品表面擦伤与拉毛制品在拉深后,表面被擦伤或拉毛	当凹模圆角半径太小或型面不光洁,圆弧与直线衔接处有棱角或凸起时,坯料会被划出划痕	对凹模圆角进行修整和研磨抛光
	凸、凹模间隙太小或不均匀,也能造成局部压力增大,使制件表面产生划痕	重新调整间隙,使之均匀,并且要进行研磨与抛光,尽量减少摩擦阻力
	坯料表面润滑不好,润滑剂有杂质,拉伤表面	在拉深时,清洗毛坯,使用干净的润滑剂

（四）模具调试实例

图 5-15 所示正装复合模的安装、调试如下。

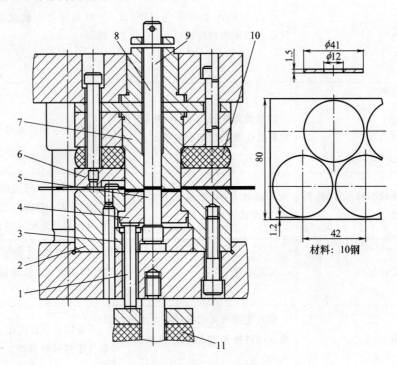

图 5-15　正装复合模

1—顶件杆；2—落料凹模；3—冲孔凸模固定板；4—推件块；5—冲孔凸模；6—卸料板；
7—凸凹模；8—推件杆；9—模柄；10—上卸料板橡胶弹簧；11—下卸料板橡胶弹簧

1. 安装

完成冲模制造装配之后,依据压力机的冲压力大小、闭合高度、工作台尺寸等技术参数,将模具安装在压力机上并调整至合适位置才可进行工作。

对于图 5-15 所示的垫圈正装复合模,通过冲压力的计算,选 J23-16F 压力机。冲压模的安装过程如下：

（1）进一步熟悉冲压工艺和冲压模具图，在动手安装之前，检查垫圈正装复合模和压力机 J23-16F 是否正常。

（2）检查是否备齐模具安装所需要的紧固螺栓、螺母、压板、垫块、垫板等零件。

（3）卸下打料横杆（图 5-16a）；将滑块下降到下止点（图 5-16b），调节装模高度，使其略大于模具的闭合高度，如图 5-16c 所示。

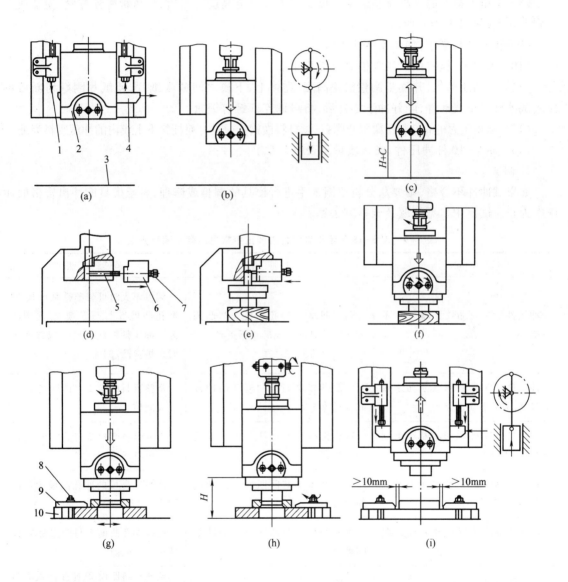

图 5-16　模具安装过程

1—挡头螺栓；2—滑块；3—工作台板；4—打料横杆；5—锁模块锁紧螺栓；6—模具锁紧块；7—模柄紧固螺钉；

8—紧固螺栓；9—紧固压板；10—紧固垫块

（4）清除粘附在冲模上、下表面、压力机滑块底面与工作台面上的杂物，并擦洗干净。

（5）取下模柄锁紧块（图 5-16d），将上、下模同时推到工作台上，注意将下弹顶装置放入工作台落料孔，并让模柄进入压力机滑块的模柄孔内，合上锁紧块（图 5-16e）。将压力机滑块停在下止点，并调整压力机滑块高度，使滑块与模具顶面贴合（图 5-16f）。

（6）紧固锁模块。

（7）将下模用压板轻轻压在工作台上，但不要将螺栓拧得太紧，如图 5-16g 所示。

（8）用压力机上的连杆调整装模高度，上、下模闭合高度适当后，将压板螺栓拧紧，使滑块上升到上止点，如图 5-16h 所示。

（9）装入打料横梁，如图 5-16i 所示。

（10）试空车，检查压力机和模具有无异常。

（11）开动压力机，并逐步调整滑块高度，先将上、下模之间放入纸片，使纸片刚好切断后再放入试冲材料正式冲件，刚好冲下零件后，将可调连杆螺钉锁紧。

（12）调整压力机的打料横梁限止螺钉，以料横梁能通过打料杆打下上模内的冲压废料为准。

（13）冲 5~10 件冲压件，确认质量是否符合要求。

2. 调试

如果试冲件不合格，则要从分析原因入手进行模具的调整或修理，直至模具能冲出合格的冲压件为止。试模中常见问题及调整方法见表 5-9。

表 5-9　图 5-15 所示正装复合模调试中常见问题及调整方法

存 在 问 题	产 生 原 因	调 整 方 法
冲压件形状或 φ41、φ12 尺寸不正确	落料凹模 2、冲孔凸模 5 与凸凹模 7 的刃口形状或尺寸不正确	偏差不大时可修整落料凹模 2、冲孔凸模 5 与凸凹模 7，重调间隙。冲压件形状或尺寸偏差严重时须更换凸、凹模
冲压件 φ41 外圆形状断面毛刺大且薄，有双剪切现象	落料凹模 2 与凸凹模 7 的冲裁间隙过小	修整落料凹模 2 与凸凹模 7，以放大间隙
冲压件 φ41 外圆形状断面毛刺大且厚，塌角大	落料凹模 2 与凸凹模 7 的冲裁间隙过大	更换落料凹模 2 与凸凹模 7，以减小模具间隙
冲压件 φ12 内孔形状断面毛刺大且薄，有双剪切现象	冲孔凸模 5 与凸凹模 7 的冲裁间隙过小	修整复合模的冲孔凸模 5 与凸凹模 7，以放大间隙
冲压件 φ12 内孔形状断面毛刺大且厚，塌角大	冲孔凸模 5 与凸凹模 7 的冲裁间隙过大	更换冲孔凸模 5 与凸凹模 7，以减小模具间隙
冲压件 φ41 外圆形状断面或 φ12 内孔形状断面毛刺部分偏大	落料凹模 2、冲孔凸模 5 与凸凹模 7 刃口的冲裁间隙不均匀或局部间隙不合理	调整落料凹模 2、冲孔凸模 5 与凸凹模 7 刃口的冲裁间隙。若是局部间隙偏小则可修大，若属局部间隙偏大，也可补焊后加以修磨来补救

存在问题	产生原因	调整方法
条料卡在上模,卸料不正常	装配时卸料板6、上模卸料橡胶弹簧10以及卸料螺栓卸料元件安装倾斜	修整或重新安装卸料元件使其能够灵活运动
	弹性元件上模卸料橡胶弹簧10弹力不足	更换或加厚弹性元件上模卸料橡胶弹簧10
	卸料板6行程不足	修整卸料螺钉头部沉孔深度或修整卸料螺钉长度
	凸凹模7与卸料板6之间的间隙太大,搭边翻转上翘而堵塞送料	发生搭边翻转上翘这种现象时,应调整凸凹模7与卸料板6之间的间隙使之变小。必要时,用低熔点合金重新浇注卸料孔,使之间隙调整合适
冲压件卡在落料凹模内	顶件杆1太短	适当加长顶件杆1
	弹性元件下模卸料橡胶弹簧10弹力不足	更换或加厚弹性元件下模卸料橡胶弹簧10
凸凹模7内废料下不来	推件杆8太短	适当加长推件杆8
落料凹模2、冲孔凸模5与凸凹模7的刃口部分啃口	导柱与导套间间隙过大	更换导柱与导套或模架
	模具工作零件或导柱等安装不垂直	重新安装模具工作零件或导柱等,校验其垂直度
	上下模座不平行	以下模座为基准,修磨上模座
	卸料板6偏移或倾斜	修磨或更换卸料板6
	压力机台面与导轨不垂直	检修压力机
冲压件不平整	落料凹模2成倒锥形	修磨落料凹模2,除去倒锥
	卸料板6对冲压条料的压力偏小	加大卸料力